U0172645

再话『镶着金边的女王』——祁红茶文化拾遗

胡永久　梅国文　编著

团结出版社

图书在版编目（ＣＩＰ）数据

再话"镶着金边的女王"：祁红茶文化拾遗 / 胡永久，梅国文编著. -- 北京：团结出版社，2023.11

ISBN 978-7-5234-0588-8

Ⅰ．①再… Ⅱ．①胡… ②梅… Ⅲ．①祁门红茶－茶文化－文化研究 Ⅳ．①TS971.21

中国国家版本馆 CIP 数据核字 (2023) 第 208391 号

出　　版	团结出版社	
	（北京市东城区东皇城根南街84号　邮编：100006）	
电　　话	（010）65228880　65244790	
网　　址	http://www.tjpress.com	
E－mail	65244790@163.com	
经　　销	全国新华书店	
印　　刷	三河市华东印刷有限公司	
开　　本	170mm×240mm　　1/16	
印　　张	13.75	
字　　数	198千字	
版　　次	2024年1月第1版	
印　　次	2024年1月第1次印刷	
书　　号	978-7-5234-0588-8	
定　　价	68.00元	

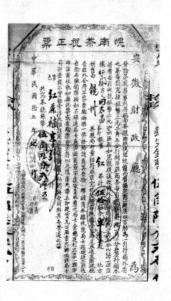

本號開設新安祁西高
塘不惜資本選辦名茶
卒高山之菁華加名師
之製作其質厚而嫩其
色鮮而潤其味香而甜
其氣濃而雅誠衞生中
之上品也如蒙
賞顧區別其偽請認本
號內票為識

祁西怡和祥茶莊謹啟

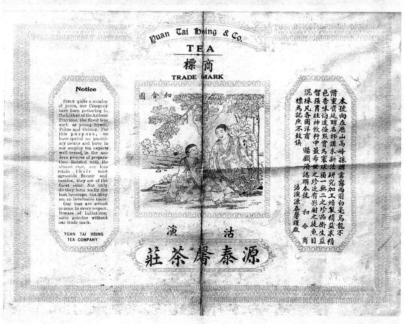

Yuan Tai Hsing & Co.

TEA

商標

TRADE MARK

知合圖

活潑

源泰馨茶莊

本號向在歷山高峰採辦
雲霧雨前白毫烏龍不
惜重資延聘名師講求新法
研究加工焙製精益求精
色香味勻達後照賞為家珍
智囊牲神飲料中最希世
之珍迄有影射之徒冒魚目
混珠凡各國洋商賜顧
諸請認明本號
標為記庶不致悞

沽源泰馨茶莊謹啟

如合商目

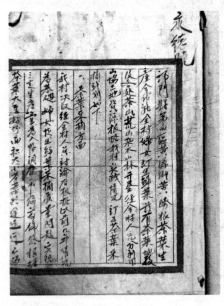

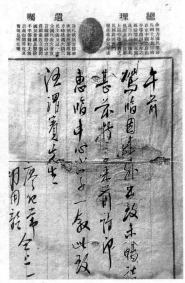

序

　　中国是茶的国度。茶文化是中国文化中的重要组成部分。祁门红茶则是中国茶园中的一朵奇葩。正在为世人所认识所喜爱。梅国文和胡永久合著的《再话"镶着金边的女王"》一书，可以说是了解祁门红茶走近祁门红茶的一本不可多得、不可不读的好书。

　　该书分五个篇章讲述了祁门红茶的前世今生，讲述了祁门红茶的来龙去脉，讲述了祁门红茶的工艺和特点，讲述了祁门红茶的文化和品鉴。读后让人感动，让人品味，让人遐想。祁门红茶犹如一位大家闺秀，款款来到我们身边。彬彬有礼，落落大方。俊秀不失典雅，亲切而有温度。不仅有巴拿马万国博览会皇冠的高贵，更有心灵手巧仪态万方的优雅。从某种程度上说，这本书把祁门红茶的历史与文化熔为一炉，把茶理与工艺连为一体，把典故与内涵融会贯通。让人在故事中了解历史，在体验中体悟茶道，在品味中品味人生。

　　我始终认为，茶是最具中国味的饮品，茶文化也是最具中国文化特色的一部分。茶文化从一开始就凝结着中国文化和中国智慧。祁门红茶就是茶与文化的结合，也是茶文化发展到今天与现代生活相结合的产物，在新时代必将会焕发新的生机，达到一种新的境界。梅国文和胡永久抓住茶文化这个关键，生动而深刻的解读了祁门红茶的独特之处。从曾国藩的"祁红"到李鸿章的"祁门香"，再到携祁门红茶走向世界第一人的李训典和祁红栽培专家徐楚生。一路走来的祁门红茶历经沧桑，历久弥新。走进新时代的祁门红茶如何保持其独有的品质，如何让更多的人喜爱并品味其独立魅力，该书对祁红的营销和茶道，特别是对祁红的调饮与养生作了较详尽的论述。这对人们认识祁红、品用祁红是很有帮助的。

这里要特别感谢梅国文先生。是他的精神感动了我，让我对祁红有了更深刻的认识，也越来越热爱祁门红茶。梅国文祖籍宣城梅氏，2018年初应祁门县政府邀请，因茶结缘的新祁门人，他做事情有股韧劲。认准的事，不管遇到多少困难，一定会坚持到底。他有一个信念，不能让祁红这个世界品牌在当代失色。要把祁门红茶的品牌擦亮叫响，茶红天下，为此他开发了祁红茶具，创作了祁红茶歌，祁红文学等弘扬祁红文化的一系列努力。这本书就是祁红文化的一个新的丰富和拓展。

祁红特绝群芳最，清誉高香不二门。祁门红茶以其独特的品质赢得世人的喜爱。巴拿马博览会的金奖一定会在新一代祁红人手里焕发出时代的光芒。这本书是一个新的开端，开启了祁红走向社会走向大众走向未来的一扇大门，后面的道路会更加宽广。我们有理由相信，祁门红茶一定会以新的姿态和新的风采走向世界走进千家万户。

安徽省书法家协会主席　吴雪

2023 年 11 月 18 日

目　录

第三篇　祁红春秋

第四篇　祁红茶论

第五篇 祁红茶饮

第一篇

祁红华章

"万里茶道"上"镶着金边的女王"

安徽省黄山市祁门县地处神奇的北纬30°，位居世界黄金产茶带，也是"万里茶道"的重要节点。一百多年前，名誉天下的祁门红茶通过阊江运到鄱阳湖，再经九江转运至武汉，踏上"万里茶道"，远销海内外。

祁门是中国红茶之乡，绝佳的自然环境诞生了享誉世界的祁门红茶。祁门红茶属于中国，更属于世界，曾三获世界金奖，位列世界三大高香茶之首，是中国十大名茶中唯一的红茶。"你们祁红世界有名。"1979年7月，邓小平视察黄山时曾这样赞叹。2017年4月，安徽全球推介会上，国务委员兼外交部部长王毅更是专门点赞了祁门红茶，誉之为"镶着金边的女王"。

祁门县城全貌

祁门红茶茶园

唐代，祁门茶叶已大量销往中国中原和西北少数民族地区。从明朝以后，祁门很多茶叶就从汉口转售山西、陕西的商人运销各地，甚至远销海外。清末，世界茶业竞争极其激烈，欧美等西方国家流行红茶。在祁门茶区，以南乡贵溪人胡元龙为代表的一批有识之士，于1875年开始改制红茶。经过不断探索改进，胡元龙把试制成功的红茶送抵九江转运汉口后，得到外商好评而被抢购一空，从此，祁门红茶在汉口茶市一炮打响。到1885年，祁门红茶已占据汉口茶市红茶的第一把交椅，多时占到总量的六分之一。自清末诞生到民国时期，祁门红茶通过"万里茶道"源源不断地输往国际

祁门红茶外形

祁门宗祠

茶叶市场，畅销数十个国家与地区。祁门红茶因"万里茶道"而诞生，在"万里茶道"对外贸易中不断发展，同时又在"万里茶道"中体现了无可替代的历史文化价值，也为"万里茶道"增添了"中国故事"。

岁月风雨跨越百年。现在祁门县的平里、历口、箬坑等产茶重点乡镇，仍然保留着大量珍贵的红茶文化及商业形态的历史遗存，其中就有安徽模范种茶场这一具有里程碑意义的历史文化遗存。这不仅是中国最早的官方茶叶科研机构，也是当时世界上唯一一处专门以红茶为研究对象的科研场所。模范种茶场采用条播密植的方式开辟梯式茶园，为国际茶界先河之作，改变了数百年的传统茶叶种植、制作方式，在中国茶叶乃至农业科技史上具有划时代的意义。

2017年，在国家文化部支持下，安徽省黄山市正式成为中俄蒙"万里茶道"国际旅游联盟成员。2021年3月，"万里茶道"世界文化遗产联合申遗领导组深入祁门县，对茶园、古道、码头、历史建筑等与祁门红茶有关的遗产点进行实地走访；2021年4月，祁门县申报"万里茶道"世界文化遗产座谈会暨《祁门红茶史料丛刊》推介会召开；2021年5月，祁门县"万里茶道"文化遗产价值体系研究和保护管理规划编制工作正式启动；

2021年12月，"万里茶道世界文化遗产价值和申遗策略研讨会暨申遗工作推进会"在北京和祁门采用"线上＋线下"方式同时召开，安徽正式成为"万里茶道"联合申遗的第九个省份。

近年来，祁门在全县范围内对有着重要价值的茶业遗存与历史建筑进行全面摸底，在申报各级文物保护单位中注重茶业遗迹发掘和保护。目前，祁门县已有洪家大屋、阊江水运码头、古茶村等与茶叶有关的各级保护单位二十多处。同时，祁门县加大了祁红文化史料整理力度，编撰了《祁门红茶与万里茶道》，突出体现了祁门红茶在近现代贸易全球化过程中的历史文化价值；新近出版的《祁门红茶史料丛刊》，系统展示近百年祁门红茶的起源、发展、兴盛、衰落以及生产加工、运输、销售等方方面面内容，是研究祁门红茶历史的重要资料。此外，祁门县利用报纸杂志、广播电视以及新媒体宣传祁门红茶及申遗工作。录制中国推介泰语版宣传片《祁门红茶》和安徽电视台纪录片《祁红·中国香》，其中有祁门县申报"万里茶道"世界文化遗产情况的介绍，将陆续在中央和省级媒体平台播出。

"十四五"开局之年，祁门县委、县政府明确建设高品位世界红茶之都的目标，启动"重塑百年品牌、振兴祁红产业"，实施"基地、品质、品牌、企业、文化"五大提升工程，祁红综合产值、茶农茶叶收入等指标持续攀升，茶园总面积达19万亩，祁红综合产值2021年已达到45亿元。

祁门红茶

祁门县充分发挥"万里茶道"品牌效应，成功承办首届安徽国际茶旅大会，扎实推进祁红小镇、祁红产业科技博览园等一批重点项目建设，推动茶旅康养一体化融合发展。祁门红茶公共品牌连续九年入选"中国茶叶区域公用品牌价值十强"，祁门县也先后荣获"中国最美茶乡""全国重点产茶县""中国茶业百强县""茶业品牌建设十强县"等多项称号。

"万里茶道"申遗功在当代，利在千秋。下一步，祁门县将努力学习城市联盟中各城市的申遗经验与做法，进一步加强与"万里茶道"节点城市交流互动，对照申遗各省前期工作，以时不我待的态度加倍努力。按照

祁红茶汤

《"万里茶道"联合申遗三年行动计划（2021—2023年）》，进一步健全申遗组织机构和工作机制，深入挖掘祁门"万里茶道"文化遗产点的历史内涵，推进"万里茶道"申遗工作步入快车道。

让茶史永久留存，让茶道传播绵延。现如今，祁门红茶及其依附的历史文化及生态资源，不仅是珍贵的百年顶级茶文化品牌资源，还将成为近悦远来、享誉世界的一张中国名片。

（章四海）

第二篇

祁红典故

曾国藩与"祁红"

清末曾国藩南征北战归里之后,清廷因为他权倾一时,门生故旧遍天下,又是汉人,生怕他心怀叵测,乃对他进行严密的暗中监视。一天,曾与清客们下围棋,因所饮龙井不够味,无意说了一句:"当年驻军祁门时,所喝的当地祁红胜此多矣!"此话不久之后,清廷忽派飞骑从北京送来祁红一篓,曾国藩吓出了一身冷汗,才晓得自己的一言一语早有人密达"天听"了。

这轶闻说明:清廷对于他的忠实臣仆如曾国藩之流也是不放心的。其次,作为中国名茶之一的祁红,是有其他名茶所不及的独到之处。

祁红，即祁门红茶的简称，其名已传遍世界。其实它的产区并不局限于安徽祁门。从历史上看，至德、浮梁、石棣、东流、伙县乃至江西的鄱阳、乐平，这一带所产的红茶都统称为祁红。

祁门红茶

原先祁门、至德、浮梁等地所产的茶以绿茶为大宗，白居易在《琵琶行》中所吟的"商人重利轻别离，前月浮梁买茶去"，指的便是绿茶；千百年来，这种绿茶运销于两广，极受欢迎。后来红茶畅销，则是17世纪的事。

祁红之所以不胫而走，主要是祁门具有优越的自然生态条件，茶树都种于山上，终年为云雾所封，空气湿润，气温适宜，雨量又很充沛，这些都是唯树所不可缺少的。而制茶技术也是一个关键。祁红与其他名茶不同，茶庄所收购的都是湿坯，由富有制茶经验的老师傅掌握发酵程度和一定的火候与时间，这三者都必须恰到好处，否则便是差之毫厘，失之千里了。按这种卓越技术所制成的红茶，条索坚细秀长，香气馥郁，味醇和而甘浓，茶色红艳鲜亮。一杯泡开，有特殊而持久的香气，令人未饮而神怡！所以它不仅畅销全国而且畅销全球，海外人士有饮之成癖者。18世纪，

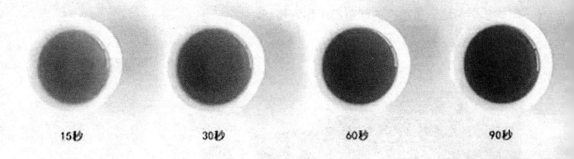

15秒　　　　30秒　　　　60秒　　　　90秒

印度也广种茶树，抵制中国茶，并限制中国茶叶进入英领土及英本土，唯独祁红例外。因为要用祁红来掺和印度、锡兰所产的茶叶，否则淡而无味，于此亦可见祁红的身价了。

可惜的是，三十年前，由于农村破产，祁红年产量仅达两千担。据闻，1954 年在祁门建立了机械化祁门茶厂，祁红的产量质量才得到大大改观。

被李鸿章赐名的"祁门香"

我们在喝茶的时候，经常听到形容一款茶带有"兰花香""茉莉花香"等，"祁门香"这种以地名命名的香型，还是较少听到。

事实上，在中国的茶叶里面，以产地命名的香型"只此一家，别无分店"。

这也不禁让我们好奇，"祁门香"到底是一种什么香呢？

祁门香的命名由来

1892 年，祁门红茶在《牛津英文大词典》里有了自己专属的英文词汇"keemunblacktea"，至今仍然保留。

也是从那个时候开始，"王子茶""群芳最""红茶皇后"等称号享誉国际，但是在祁门红茶的香型描述上，国际上却一直争论不下。

在国内，要说起祁门香的由来，相传与中堂大人李鸿章有关。

话说一日，洋务大臣李鸿章收到洋人送给他的礼物——两听外国红茶，喝过之后觉得味道不错。忽然想起自己当年在祁门抗击太平军，那里不是产红茶吗？应该不会比这老外的红茶差吧？

念头一闪而过后，李鸿章当即写下手谕，命人送来祁门红茶。泡开一喝，果然味道非同一般，无论外形还是汤色，均胜出这老外红茶一筹。

他当即下谕,送十听给外国使臣,使臣的回信如此说道:"想不到你们的祁门红茶味道如此绝妙,乃天降的琼浆玉液,人间难求。特别是那回肠荡气的奇特香味,真是无法描绘,似苹果香,又似兰花香,我们难以确切将其归类,干脆称它为'祁门香'。大人高见如何?敬请赐教!"

"祁门香?好,就叫祁门香!"

李鸿章看罢信件,拊掌大笑。

从此,"祁门香"便传扬开来。

环境的造就

从大环境上来看,祁门县就坐落在黄山西脉森林茂密的丘陵盆谷之中。

同时,祁门县也处于世界公认的北纬30°黄金产茶带,境内山地面积占九成以上,森林覆盖率高达85.78%,居安徽省首位。

这些条件都极有利于茶叶中的品质成分和芳香类化合物有效积累。

此外,茶区茶园的土壤中铜、钾含量也比较高。

铜(Cu)是构成茶叶多酚氧化酶活性中心的核心元素,在红茶发酵中,多酚氧化酶活性的维持是形成红茶优良品质的重要保证。

祁门红茶的铜含量比普通红茶高2.6倍,所以叶片中多酚酶活性也较高,因而能够生产出具有特殊香气的茶叶。

而祁门红茶中钾的含量比普通红茶高出 17 倍，钾有利于茶叶氨基酸的合成，所以更能够增加茶叶滋味和香气成分。

茶种的优良基因

"祁门香"的形成因素，除了与产地的自然生态环境有关外，与茶树品种也不无关系。

祁门红茶选用的是祁门本土的当家品种——槠叶种，作为国家级珍贵茶树有性种优质资源，也是一直以来制作祁门红茶的绝佳品种。

槠叶种鲜叶中茶多酚含量在 23.8% 左右，儿茶素总量约 14%，氨基酸 5.42%，水浸出物约 44%，其内含香、味成分丰富，这些都是构成优质祁红成茶品质的重要基础。

可以说，槠叶种原料中丰富的香气前体物质是祁门红茶独特香气品质形成的原因之一。

独特的制作工艺

祁门红茶的制作工艺分为奠定品质的初制和升华毛茶的精制两大过程。

初制过程中的发酵，就是祁门红茶香气形成的关键。随着发酵的进展，具有祁红香气特征的成分大量形成，散发浓郁的花果香气。

而精制过程中的两次补火干燥也是决定"祁门香"形成的重要环节。

在补火的过程中，低沸点的不愉快的芳香成分在热化下挥发逸失，高沸点的具有良好香气的成分在烘焙中透发出来，尤其是具有花香或果实香的香叶醇明显增加，这是决定祁门红茶香型的主要物质。

同时，在热化作用下，糖类物质在烘焙时产生了祁红突出的"蜜糖香"。

最终形成了祁门红茶似花似果似蜜的独特香气。

（梅国文）

李训典：携祁红走向世界舞台的第一人

在景石村口的河边立着一块砖质的宣传栏，叫作"景石历史名人谱"。在所介绍的诸位名人中，其中一位名叫李训典。而在李氏宗祠享堂上、"敦和堂"牌匾下，居中摆放着一尊李训典的塑像，端庄、肃穆，令人肃然起敬。此塑像是由祁门县天之红茶企老总王昶先生捐资铸造，于2021年4月3日落成的，可见李训典在祁门人心中的地位，虽逝世快百年了，可祁门人仍以不同的方式纪念或缅怀他。

在1990年出版的《祁门县志》中是这样介绍的："李训典（1865—1931），字旭寅，幼入县学，后助父兄业茶，钻研制茶技术。民国元年（1912）任县茶商公会会长，翌年任省公署巴拿马博览会筹备会徽属红、绿茶出品专员，四年委办意大利都朗博览会本县茶叶展品事宜，两次任事，大力宣传，祁红、屯绿声誉渐著，迭获南洋劝业会、巴拿马博览会、意大利都朗博览会头等奖凭、奖图。"

县志中李训典的这个"简介"虽短，却浓缩了他一生的辉煌，以及为"大力宣传，祁红、屯绿"所做出的贡献，信息量很大，值得细细解读。

李训典，字旭寅，号徽五，生于同治四年（1865）八月，卒于民国二十年（1931）五月，安徽省祁门南乡景石人。

李训典幼时家道尚好，曾入县学读书。虽然他聪颖异常，学业不错，但家中并没有让他习儒求取功名，而是待其年龄稍长便让他辍学回家，助"父兄业茶"。李训典在兄弟三人中排行老二，唯有他子承父业，足见家中长辈对其寄予的厚望。郑建新先生在《第一个走上世界的祁红人》一文中是这样着墨描述的："训典幼时，家中茶业生意茂盛，打理需人，他便舍学就商，帮家人经营德隆安茶号、鼎和红茶号，且钻研《茶经》，茗战标名，从此毕生心力，皆用于茶务。先卖茶，生意兴隆，因家中人丁旺，住屋不敷分配。他决定启建新居，没想到，光绪五年（1881），红茶安茶均亏损，新开的景隆茶号也元气大伤，他只得另寻新路。光绪十四年（1888），他到邻村奇口，再设德和隆茶号，稍获盈余，赢得转机，三年后，重拾旧业，重建家居。从测地绘图，到采办材料，他一头扎进，终使华厦落地，但债务也骤增。此后茶生意或得或失，很不稳定。然他视此为小菜，不为所难，决定继续。光绪二十二年（1897），他又租开鼎和茶号，兼营杂货药材，多业并进。是年，红茶尚顺，而安茶难售，生意再次困窘。尔后，貌似天降大任于斯人也，红茶生意也迭受亏蚀，乃至债台高筑，欲罢不能，使他身陷磨折之境。更不幸，光绪二十八年（1903），其父去世，自此训典挑起家庭大任，以茶业为主，苦力撑持。……光绪三十三年（1908），其母逝，他升为家长，对于茶业，更为上心，毅力恒心不懈，制法之善，出品之良，脍炙人口，周边口碑，无人不赞。"

转眼到了宣统二年（1910），安徽省实业厅需办理南洋劝业会，竟然委任名不见经传的李训典为茶务专员，打理赛务。他既颇感吃惊又倍感荣幸，当仁不让，亲自带着一批精挑细选的茶品参赛，荣获一等奖桂冠，不辱使命，不负桑梓。

民国初年，他被选为县参议会议员；是年，恰逢祁门县茶商公会改选，李训典众望所归，被推举担任会长一职。位高权重，责任重大，位尊"未敢忘忧国"，李训典不敢马虎丝毫，而是尽心尽力履职尽责。

翌年，安徽省实业厅委派身为祁门茶商公会会长的李训典担任徽属红茶、绿茶出品专员，并兼任巴拿马万国博览会的劝导，全权办理皖省茶叶展品事宜，备战巴拿马赛会。博览会在美国旧金山举行，世界各国踊跃参展，具有很大的影响力。李训典深知这是一个推广、销售徽茶千载难逢的大好时机，他四处奔走，往来于各个茶号之间，反复比较，认真品评，仔细挑选送展的茶样。为此，李训典吃了不少苦，有时甚至耽误了自家的生意，但他辛劳付出却赢得了丰厚的回报。据祁门《溶口李氏宗谱·李旭寅传》记载：徽属红、绿二茶，"迭获南洋劝业会、巴拿马博览会和意大利都朗博览会头等奖凭、奖图、商标……"可以说，祁红、屯绿等徽州名茶声名远播并在国际上获得了褒奖，李训典可谓功不可没！据此，可否认为，李训典就是那个带着祁红走向世界的祁门第一人？

民国五年（1916），李训典再三受命，带着安徽茶叶远赴意大利参赛都朗博览会，祁门、休宁、婺源的红绿茶再获优等奖凭。李训典因而走红，备受关注，奠定了他在皖省茶界的重要地位，成为茶界的传奇人物。这是李训典一生的高光时刻，成为他一生的绝唱，也是祁门茶人的骄傲！

2023年5月21日，由国家社会科学基金重大项目"'万里茶道'茶业资料搜集整理与研究"课题组主办的"全球史视野下的茶史与茶文化：第二期茶史工作坊"在湖北大学举行。会上，安徽师范大学历史学院康健副研究员做了题为《经商、实业与从教：近代徽州茶商李训典家族考论》的报告。我不知道康先生在报告中宣讲了李训典家族的什么事情，但我清楚，作为近代徽州茶商代表的李训典家族与万里茶道有着深远的关联，或是对"茶业资料搜集整理与研究"有着极高的历史价值。无论是与"万里茶道"，还是作为"非遗"，李训典家族应该都是浓墨重彩的一笔，否则，是上不了这么高规格的台面的。

翻开史料可知，祁门在红茶未诞生之前，唐时生产方茶；宋元时期出产仙芝、玉津、先春、绿芽等茶；明时流行散茶；清代一直流行绿茶和安茶。安茶最早发源于祁门县南乡一带，民间又称"青茶""软枝茶"。1936年金陵大学农学院农业经济系《祁门红茶之生产制造与运销》中载："逊清光绪以前，祁门向皆制造青茶，运销两广；以其制法与六安茶相仿佛，故俗称安茶，在粤东一带，颇负盛誉。"

"景石"是祁门南乡的大村，种茶业茶历史悠久，村中也出过不少有名的茶商。据《祁门李氏宗谱》记载：清乾隆至咸丰年间，祁门南乡景石做安茶生意的就有李文煌、李友三、李同光、李大镕、李教育、李训典等数人，李训典就是协助父兄经营安茶的。但是，当祁红在国外市场很畅销时，李训典和许多茶商一样不甘落伍，他不仅很快掌握了"祁红"的加工制作技术，并协助父亲开设了茶号。那时的茶号经营大多是收购、加工、运销"一条龙"，茶商在这样的业茶模式中，"收购"与"加工"环节特别重要，尤其是加工制作的技术要求更高。由于李训典既善动脑筋又谦虚好学，从而在"收购""加工"与经营等方面进步神速，尤其是在辨别毛茶优劣上练就了一双火眼金睛，令不少行家里手甚至大师傅皆感自愧不如。为此，有不怀好意的茶农想检测一下李训典的眼力，特意将同样一份毛茶换成数人，先后前往他的茶号出售。而李训典只是略扫一眼便开出价来，前后数次分毫不差，茶农们由是敬佩不已，声誉日隆。

李训典不仅身怀绝技，而且性格既坚强又豁达。这里举一例便可窥斑见豹：有一年，李训典从祁门溶口发了一船茶叶前往江西景德镇，原本指望靠它赚钱做新屋，不料船行至浮梁县城门滩时撞上一块大岩石，船被掀翻，茶包洒满河面，导致整船茶叶被激流冲得一干二净，李训典因之险些倾家荡产。但他毫不气馁，凭着自己精湛的制茶技术、诚信灵活的经营方式，很快就东山再起，恢复了元气，而且越做越大，成为祁南首屈一指的茶商。尤其是闪烁在他身上的美丽光环，更是令诸多茶商黯然失色。

由是，笔者想到一个问题：胡元龙因大胆革新，改绿制红，创制祁红获得成功，被称为"祁红鼻祖"，理所当然，实至名归；而李训典将祁红带到巴拿马万国博览会，"王者"归来，是否也应该官宣一下，给他一个"名分"？即准确的历史评价（定位），那就是"带着祁红走向世界的祁门第一人"。如此这般，贵（溪）胡（元龙）景（石）李（训典），一唱一和，互为呼应，也不失偏颇，岂不更妙？

（叶永丰）

不能忘记的茶树栽培专家——徐楚生

　　茶叶生产来临，有一个不能忘记的茶树栽培专家，他叫徐楚生（1913—1996），1913 年 7 月 7 日生于江苏省淮安县，曾于 1960—1984 年任安徽省农科院祁门茶叶研究所副所长。

　　1950 年，徐楚生由母校介绍到安徽省祁门茶业改良场（安徽省农业科学院茶叶研究所的前身）从事茶叶科研工作。当时，茶叶改良场在祁门县平里乡，没有公路，条件很差；祁门刚刚解放，治安状况很不好，土匪也经常出没，下午四点多钟，各单位就关门闭户了。徐楚生不顾环境恶劣，

安徽省农科院祁门茶叶研究所

安心工作。他学的是农化专业,对茶叶还是门外汉,他就一切从零开始。在前任场长吴觉农、胡浩川等爱茶敬业的思想感召下,他激励自己,刻苦钻研,很快就熟悉了茶叶科研工作。1952年,茶叶改良场迁至祁门县城;1955年,扩建为祁门茶叶试验站,成为专业研究机构,工作重点以科研为主,结合生产示范。1956年,徐楚生担任试验站副站长,主持全站的业务工作。1960年,茶叶试验站改名为安徽省茶叶科学研究所。1962年,又改名为安徽省农业科学院祁门茶叶研究所。

1958年,他出席安徽省社会主义积极分子大会,并荣获奖章。1964年,他被授予安徽省农业劳动模范称号。1980年,省人民政府授予他安徽省劳动模范称号。1984年,他年逾古稀,中国茶叶学会仍聘他任荣誉理事和《茶叶科学》编委;安徽省茶叶学会聘他为该会顾问组组长。1992年10月,享受国务院特殊津贴。1996年9月26日,徐楚生因心脏病逝世于合肥。因他长期在安徽祁门茶叶研究所主持科研工作,对茶园持续丰产优质综合栽培技术和低产茶园改造等方面的研究成果卓著,对安徽省茶叶生产的发展做出了重要贡献。

徐楚生自1950年到安徽省祁门县从事茶叶科研工作,主持了15项科研课题,其中最有影响和代表性的是"茶园持续丰产优质综合栽培技术研究"和"低产茶园改造综合栽培技术研究"。

20世纪60年代徐楚生在观察土壤

"茶园持续丰产优质综合栽培技术研究"课题是根据1956年华东区农业科学研究所在南京召开的农业科研规划会议作为重点课题而立项的。由于茶树是多年生植物,必须保证持续丰产;又由于茶叶是商品,必须保持在市场上有较强的竞争力。因此，该项研究旨在使产量持续丰产，品质也要持续优良。只有这样，才能更好地发挥经济效益。

1958 年，根据第一个五年计划期间茶科所培养丰产茶园栽培技术，总结出祁门茶叶试验站丰产经验。此后，经过 1958—1959 年两年综合栽培技术研究，又获得了六年生茶树公顷鲜叶 13000 千克的高产纪录，并总结了幼年茶园快速高产栽培技术。从 20 世纪 60 年代至 70 年代又相继提出了青年期、壮年期茶园高产优质综合栽培技术及高产规律。

上述研究成果在省内外推广，使成果迅速转化为生产力，广大茶农因此而获得了经济实惠。《光明日报》10 月 2 日头版曾刊登此项研究成果。

安徽省农业科学院祁门茶叶科学研究所副所长徐楚生（右二）铺料研成绩显著，荣获安徽省劳动模范称号。徐楚生为探索茶叶持续丰产优质的科学规律，以二十六年时间亲自栽培实验茶园，并连续二十二年平均每亩收干茶四百五十斤。

新华社记者
傅振欣摄

《光明日报》10 月 2 日头版

"低产茶园改造综合栽培技术研究"课题的立项，主要针对安徽省老茶园多、产量低、品质差的状况，把改造低产茶园作为发展茶叶生产的重点。从 20 世纪 50 年代至 70 年代先后进行试验和示范推广工作，并总结出"改树、改土、改园和改革茶园采摘和管理"的"四改"综合栽培技术。1974 年，在歙县潜口公社潜口大队红旗生产队公顷产 900 千克的低产茶园中，开展了"四改"综合栽培技术示范。经过三年分期分批改造，完全改变了茶树生长势，到 1983 年产量增加了 95.80%，产值增加了

169.92%，人均产值由 97.10 元提高到 269.93 元，使广大茶农获得了经济实惠，突出地显示了改造低产茶园的经济效益。

徐楚生自 1956 年起至 1984 年，一直分工主管安徽省茶叶研究所的业务工作。在他的领导与全体科研人员的共同努力下，使诞生于 1915 年的老所焕发出新春，科研成果累累，祁门茶科所闻名于国内外。他自己主持了 15 项科研课题，都取得一定的社会效益和经济效益，获得有关方面的表彰，其中低产茶园改造科研项目 1980 年获得安徽省科技进步三等奖。持续丰产优质综合栽培技术研究课题 1987 年获得安徽省科技进步三等奖。他在省级以上学报、专业期刊等各类报纸杂志发表论文著作、科研报告以及英、日、俄等译文 80 多篇，其中《祁门茶叶试验站丰产经验介绍》一文被苏联的《苏联植物学农业和土壤文摘杂志》1959 年第 5 期转载，获得有关方面好评。

祁门茶业改良场

徐楚生先生主要论著有：

①徐楚生.《祁门茶叶试验站丰产经验介绍》[《茶叶》，1958（2）：30—32]

②徐楚生.《祁红十年》[《茶叶》，1959（4）：16—17]

③徐楚生.《茶园稳产丰产优质的形成规律和技术运用问题》[《茶叶科学》，1964（2）：1—9]

④徐楚生等.《祁红》（合肥：安徽人民出版社，1974）

⑤徐楚生.《培养高产稳产优质茶园综合技术措施》[《茶叶》，1976（1）：23—33]

⑥徐楚生.《茶园高产稳产优质演变的过程及其与栽培技术的相关性》[《安徽农业科学》，1979（2）：49—59]

⑦王泽农，徐楚生等.《茶树营养和施肥》（见《中国农业百科全书》.茶叶卷.北京：农业出版社，1988）

⑧徐楚生.《茶叶生产二百题》（北京：农业出版社，1991）

⑨徐楚生，徐莹.《预测名优茶开采期的研究》[《茶业通报》，1995（3）：5—9]

洪书文与上海洪源永茶栈

洪书文左腕书法

洪书文,字味三,洪炯曾孙,常以左腕作书,颜筋柳骨,清劲挺拔。

清光绪二十六年（1900），在上海北京路清远里 19 号开设上海第一家红茶茶栈——洪源永茶栈。后来，洪味三又将洪源永的经营管理交给了他的弟弟洪益良。其弟洪益良当时也是清末祁门的书法家；洪书文是民国时期祁门在上海最大的茶商。

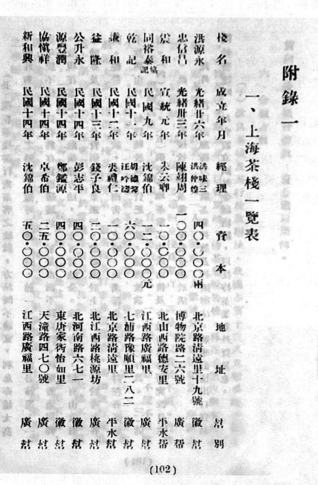

民国时期上海茶栈一览表

祁门洪季陶于民国十二年（1923）一月在祁城东街开设的吉善长茶号，资产总额为八九二万元，制成箱茶数量（年产量）为一三二箱，为上海"洪源永茶栈"供应祁门红茶，业务往来紧密。

为九七六万元,制成箱茶数量(年产量①)为二二一箱,与上海"启华"茶庄有业务往来。

吉善长 洪季陶于民国十二年一月(1923年)在祁城东街开设,资产总额为八九二万元,制成箱茶数量(年产量)为一三二箱,与上海"洪源润"茶庄有业务往来。

建 国 江子荣于民国二十五年一月(1936年)在祁城东街开设,资产总额为八九二万元,制成箱茶数量(年产量)为一〇九箱,与上海"启华"茶庄有业务往来。

华盛顿 谢学英、谢振南于民国三十六年一月(1947年)在祁门城内西街开设,资产总额为二六一六万元,与上海"震和"茶庄有业务往来。

华盛□② 胡云燕、谢新禄、刘望中于民国三十五年一月(1946年)在祁门城内西街开设,资产总额为九五〇万元,制成箱茶数量(年产量)为一二六箱,与上海"震和"茶庄有业务往来。

"祁红"店业老字号调查辑录

所以说到祁红在上海的销售,不得不提到洪源永茶栈。祁门城里的洪家大屋是世代经营茶业的洪炳宅院。洪炳曾是林则徐的部下,在上海为官,曾督修宝山海塘,经费不足,自贴银两以毕其役。后因营茶的家兄逝世,遂辞去官职,到广州继续进行茶叶销售。鸦片战争期间,林则徐因洪炳在经营茶业中与英人颇有往来,便命其担任联络官,负责在两方之间传递信息。鸦片战争之后,洪炳又回到祁门宅居。曾国藩大帅府当时就设在洪家大屋,李鸿章是曾国藩的幕僚,

李鸿章

负责文书档案，洪炯的儿孙们即成为李鸿章手下的书办。李鸿章创立淮军，带领一批曾在祁门做书办的文人到上海负责文案工作，后来这批人都成了李鸿章洋务运动的骨干。

清朝中后期看到了西方国家的厉害，也知道如果再这样继续下去，清朝很快就会灭亡。他们这时候才意识到了自己的问题，想要国家强大，不受西方国家欺负就要学习先进的技术，补充自己的知识能力，不能老是闭关锁国，要走出去。因此，清朝政府提出了引进西方技术，也被称为"洋务运动"，命李鸿章为这次洋务运动的领导者。

洋务运动

洋务运动是中国近代史上的一次大规模的运动，是1861—1894年所发生的一次持续了三十余年的运动。要是说起洋务运动就必须说到李鸿章了，他是洋务运动的领导者。李鸿章生于1823年，逝世于1901年，安徽合肥人，本名章桐，是淮军的创始人和统帅，也是洋务运动的主要倡导者之一。在洋务运动后期，打着"求富"口号的洋务派建立了一大批国有及民营企业。

洪书文书法四条屏

　　洋务运动平息后，洪书文也受洋务运动的思想影响于清光绪二十六年（1900），在上海北京路清远里19号开设上海第一家红茶茶栈——洪源永茶栈。洪源永茶栈成立后在上海经营着祁门红茶（早期称祁门乌龙茶）等各种茶叶，以其良好的品质和信誉生意走红上海滩。

盘的亏缺，只能统计部分土客茶栈情况，列为下表：

表1　　　　　　　　　20世纪20年代部分出口茶栈、买办与洋行关系

茶栈名	成立年份	股东	组织形式	资本额	股东所属洋行	等别
和生祥	1867	郑观应等	合伙	不详	宝顺洋行	广帮
宝顺祥	1868	徐润等	合伙	不详	宝顺洋行	广帮
源慎安	1868左右	唐廷枢、林钦等	合伙	不详	怡和洋行	广帮
洪源永	光绪二十六年(1900)	洪孟盆等	合伙	银四万两	不详	徽帮
忠信昌	光绪三十三年(1908)	陈润周	独资	银十万两	苏俄协和会	广帮
震和	宣统元年(1910)	朱慕元	独资	银一万两	永兴洋行	平水
同裕泰	民国9年(1920)	沈锦伯	不详	一万两千元	不详	广帮
永盛昌	1903	唐廷董、丁家英等	合伙	五万六千元	丁家英保昌洋行买办	徽帮
永兴隆	1923	唐廷董、卓君谋等	合伙	五万六千元	卓君谋福时洋行买办	广帮
昆记	1922	胡硕等	独资	三万元	不详	徽帮
公升永	1925	戴世昭、姚达扬等	合伙	五万六千元	姚达扬义丰洋行买办	徽帮
益丰	1926	李展、钱子良等	合伙	三万元	李展为姚隆洋行买办	广帮
世丰	1926	陈荣文、陈荣顺等	合伙	四万元	不详	平水
信昌	1927	丁家英、孙勤宝等	合伙	七万元	丁家英保昌洋行买办	徽帮
仁德永	1928	王余三、叶永郎等	合伙	四万元	不详	徽帮
协丰	1929	叶世昌、宁蔚廷等	合伙	四万元	不详	平水
昇昌盛	1930	丁家英、戴世昭等	合伙	银四万两	丁家英信昌买办	徽帮
协豫	1934	胡润细、宋民年	合伙	三万元	不详	不详
俱豫兴	1937	洪林三、洪仲超等	合伙	二十万元	不详	徽帮
宁慎记	1937	宁蔚廷	独资	四万元	不详	不详

资料来源：1.《上海市国立储蓄银行之茶叶同业报告书1936—1940》，上海市档案馆，档号：Q275-1-1996-1；2.《上海茶业公会会议事录》，上海市档案馆，档号：S-1-191；3.《上海之茶业》，《社会月刊》第1期，1930年。

具有洋行买办与茶栈股东双重身份者的普遍存在，有利于洋行、买办与茶栈实现利益的共存。

1937年洪书文又在上海开设了第二家茶栈——洪源润茶栈，注册资本为二十万元，一直经营着祁门红茶，直到上海解放。

从祁门茶业学校走出去的茶叶专家詹罗九

七十岁的詹罗九

詹罗九（1936年11月—2013年6月15日），安徽省黄山市黟县人，教授，硕士生导师，安徽农业大学中华茶文化研究所名誉所长。

1936年11月29日，詹罗九教授出生在被东晋诗人陶渊明描绘为"桃花源"的安徽省黟县霭山脚下一个叫林川村的农民家庭，比他早出生的三个兄姐都夭折了。父母为保孩子性命，给詹罗九起名叫"罗狗"，意含"微薄卑贱，阎王不收，容易长大"。长大后，詹罗九才自作主张改为"罗九"。詹罗九五岁丧母。先入民办林川小学读书，后转学到西递村一所私塾，后再转西递完小，初中毕业后到祁门县读茶校。这个祁门茶校是在1951年开设的祁门初中茶叶技术班基础上创办的。詹罗九就是第一届中专生。1955年，詹罗九随茶校迁往屯溪镇郊就读。

詹罗九在祁门茶校留影

年轻时的詹罗九

1956年，詹罗九从屯溪茶业学校毕业后，直接保送进入安徽农学院（安徽农业大学前身）茶业系学习，开启了人生的"第一次离开徽州，第一次离开大山，第一次坐火车，第一次到省城"。詹罗九毕业后留校任教，先当助教、讲师，然后升副教授、教授。大学读书期间，遇到毛泽东主席视察安徽。詹罗九在学校附近的三孝口马路边，近距离目睹了伟大领袖的风采。

在那个特殊年代，从詹罗九读书期间"下放劳动"，到工作之后作为一名大学专业课教师又参与了同教学完全无关的"四清运动"。不过，詹罗九却说，正是那些社会实践让自己深入地了解了中国农村社会以及对"三农"问题有更多更深的感悟。

詹罗九与其他三位作者写的《中国茶业经济的转型》

几十年的讲坛生涯,詹罗九主要为学生讲授制茶学、茶叶经营管理等课程,还主编全国高等农业学校统编教材《茶叶经营管理》,还参与编著《中国农业百科全书·茶业卷》《中国茶经》《中国茶叶大辞典》《名优茶开发》《中国名茶志》《中国茶文化大辞典》《中国茶业经济的转型》《茶学知识读本》《世事沧桑话河红》等。个人出版的著作有《炒青绿茶·鲜叶》《炒青绿茶·技术条件》《名泉名水泡好茶》《好水泡好茶》(台湾繁体版)、《无梦茶山行》《茶旅春秋》《书香茶香》等。此外还撰写了大量制茶学、茶叶经营管理等方面的学术论文和教材讲义。在校期间,詹罗九除了当教授、硕士生导师,还担任安徽农业大学中华茶文化研究所名誉所长等职务。

改革开放以来,詹罗九先后参加或主持过十余个品目名优的绿茶恢复开发研究。21世纪伊始,詹罗九又开启了独具特色的"茶山行",全身心地投入到茶叶生产和营销实践环节,深度探访中国茶区产业发展,调查和研究中国茶业发展出现的新情况、新问题。

詹罗九在推广九华佛茶

　　退休后，詹罗九担任安徽天方集团茶叶顾问，成功策划品牌——"雾里青"茶。2013年6月15日，安徽茶界知名茶叶专家、教授、硕士生导师、安徽农业大学中华茶文化研究所名誉所长詹罗九在合肥病逝，享年七十七岁。

詹罗九

　　詹罗九一生为国茶振兴、为皖茶崛起、为茶产业发展不辞辛劳，呕心沥血，在业界很受尊重。詹罗九辞世后，他的学生、校友以及生前同事朋友和各方面负责人或领导纷纷赶往合肥吊唁。

徽州人在北京开的 "森泰茶庄"

森泰茶庄珠市口店

北京珠市口迤南的 "森泰茶庄" 过去是徽州歙县人王森泰（字复斋）
于清咸丰年间（1851—1861）开办的。最初的森泰茶庄是木结构两层小
楼，雕梁画栋、绚丽秀雅，悬于门前的森泰茶庄的匾额是清末翰林张海若

所书，正堂内还挂有张大千的猛虎图及出自张善子之手的春、夏、秋、冬四季彩屏和孔雀图。

　　1938年，森泰进行翻修，将古建门脸改成玻璃门窗，门上还架设了孔雀图形的霓虹灯（其经销的茶叶系孔雀牌商标）。

森泰茶庄牌

森泰茶庄茶叶桶

　　过去在北京经营茶叶者大都是安徽、福建两省人。清代中期以前，方、张、汪、吴等安徽、福建四家茶商垄断着北京的茶叶市场。后来又出现了安徽王家、山东孟家，也就是北京六大家茶庄。方家开的是景隆、宝源、泰昌等茶庄；张家开的是鼎盛、源成、张玉元等茶庄；汪家开的是汪正大、汪裕兴、馨泰等茶庄；吴家开的是1泰、吴鼎裕等茶庄；王家开的是森泰、利泰、和泰茶庄等，孟家开的是鸿记茶庄。

森泰茶庄开业后，每年农历清明节前就有专人来徽州采购茶叶，货办齐运至福建。福建盛产茉莉花，要在福建薰茶。森泰在福建当地租房屋，雇佣工人加工熏制，先用火烘炒，第二道工序是人工用手搓卷茶叶，第三道工序是将茶叶放在荫处晾晒，第四道工序还是上火炒，第五道工序再晒。经过这几道工序制出的叫"素茶"也称"茶坯"。一般茶商都是买这种素茶去自己熏制。而森泰不然，是自己炒晒素茶，再熏制。其法更细，更要手艺。

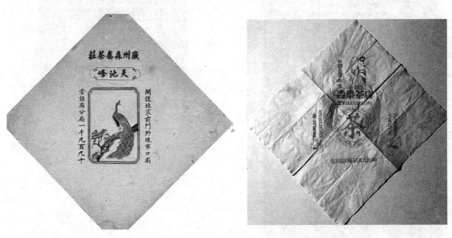

徽州森泰茶庄茶票

森泰将熏制好的茶叶运至店中后，还要过粗细筛子分等级。一般用四种粗细不同的筛子将茶叶分成"高、中、次、碎末"四个等级。中高等级的茶叶还需要不断地用鲜茉莉花提。森泰有人天天去北京南郊的南土冈——花乡买茉莉花，为熏好的茶叶换花提味。

尽管北京人都喜欢饮茉莉花茶，其他品种茶叶销量有限，但森泰也都备货，品种齐全。像祁门红茶、其他绿茶、紧压茶、乌龙茶和花茶等都有，高、中、低档茶叶齐全。平民百姓喝最便宜的满天星，森泰有；有钱人喝的龙井、碧螺春、铁观音、屯绿、白毫银针、普洱、武夷岩、祁红、滇红、茉莉花茶等十大名茶，森泰也有。森泰茶庄从南方采办茶叶，成本低，他们既门市零售，又向同行业批发。森泰茶庄门市零售的各类各级茶叶，一方面重视茶叶的封严保味，店堂中的茶罐、茶箱随启开随盖盖；一方面卖小包茶时，每一小包放入一朵茉莉鲜花，以增茶叶香味。

　　森泰茶庄卖的茶叶条叶小、匀整，泡出的茶汤呈淡黄色，香味浓郁持久。一般第一遍水无味，第二遍水出香味，可喝至第四遍。而且森泰茶庄的茶叶，无论花茶还是红绿茶比其他茶庄的都便宜一个等级。民国初年，森泰又在前门大街珠市口迤北开办第一个分号"利泰茶庄"，不久又在安定门大街开办第二分号"和泰茶庄"。此后，相继在崇文门外小市口开办第三个分号"广泰茶庄"，在京西蓝锭厂开办第四个分号"万泰茶庄"，其声誉和生意盛极一时。

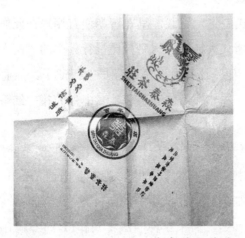

森泰茶庄茶票

　　1956 年，森泰茶庄被公私合营，其货源由北京茶叶公司供应。现在的森泰是北京尚存的老茶庄之一，但早已不是徽州歙县王家的"森泰茶庄"了。

历史上的祁门"龙溪同亿昌茶庄"

祁门县渚口乡樵溪村，古称"龙溪"，与江西省浮梁县仅一山之隔，唐朝属于浮梁县管辖。

昔日龙溪，"大山之所落，深谷之所穷，民之田其间者，层累而上，指十数级不能为一亩，快牛刬耜，不得旋其间""民居其间，无良田美池，种茶种粟，采药椎蕨，以遂其生"。而龙溪之山地，则土层厚实，土质肥沃，其间草木蒙翳，飞泉洒洒，云林雾峤，加之雨水充沛，气温均衡，非常适宜茶叶的生长。

据樵溪《王氏宗谱》记载，早在唐朝便有棚户在此居住，以种茶、制茶和卖茶为生。唐代大诗人白居易《琵琶行》中的"商人重利轻别离，前月浮梁买茶去"，便是这里种茶历史最早的印证了。然而，历史上樵溪制作、出售的茶叶，并非祁门的安茶和驰名中外的祁门红茶，而是如今被称之为绿茶的炒青。

祁门自古有句俗话，叫"假忙三十夜，真忙摘茶叶"。另有"山村四月闲人少，村姑村妇采茶忙"之说，每年谷雨前后，山里茶乡家家户户都忙于采茶草、制茶叶。此地所制的茶叶过去一直叫炒青，而不叫绿茶。绿茶是屯溪官方称谓，后来这种叫法传到祁门，也就有人称它为"绿茶"了，但至今还有许多人习惯称之为炒青。

炒青制法与红茶、安茶及毛峰不同，它是先将买下的鲜叶放在锅里杀青，以叶茎扭不断为度，起锅后放置篾盘、篾箕或木桶里进行揉捻，待茶叶蜷成条索状后，拿出来解块摊开（不能堆放，否则受热焐闷，会发酵变色）。摊散开的茶叶随即放回锅里用大火翻炒，炒到六成干后，从锅里取出摊放在篾盘里散热冷却，冷却后再次放到锅里继续翻炒，一直炒到茶叶干燥为止。等炒制好的茶叶彻底冷却，然后拌入早已晾晒干的桂花、菊花或茉莉花，装入密封的铁皮箱里，就可以挑到市场上出售了。遇到雨天或事忙，放在家中一个月或半个月也行，但要密封好，否则透风走味就不好了。

龙溪因深处大山，道路崎岖，过去一直没有商家来收鲜叶，只有茶商上门来收干茶，大都是一家一户出售，没听说有过什么茶庄或茶号。直到1878年后，黟县人余干臣在历口开设茶庄加工红茶，生意红火，价格也比制作炒青高，附近的茶农趋之若鹜，大都将茶叶卖给余干臣的茶庄。

据了解，当时茶庄收购茶叶大致有两种途径。其一，15里路以内收湿坯。所谓湿坯，便是将茶叶萎凋、揉捻好后，立即送去茶庄出售。其二，15里路以外收鲜叶。因为路途较远，湿坯装在袋子里时间长了会发酵过头，从而影响红茶成品的质量。

龙溪离历口有三十余里的路程，无论卖鲜叶还是卖湿坯都不方便。然而商家发现龙溪的茶叶叶片厚实，汁水充足，制成红茶不仅有花香味，而且耐泡味美，出售的价格较其他地方的红茶要高一筹，有利可图，于是舍不得放弃；龙溪茶农也认为此地茶叶制作炒青虽比别处绿茶价格略高，但还是不如卖红茶划算，也不愿意放弃制作红茶。在这种情况下，"龙溪茶庄"应运而生。

龙溪茶庄牌

龙溪胡氏,与县城坑下当时的祁门名士胡樵碧是一个宗族。据《胡氏宗谱》记载:县城翠园祠胡氏,兄弟三人,长子迁到建德,二子留在县城,三子来到龙溪上村(樵溪里胡)落户。自那以后,两地胡氏不因地位贵贱而中断,也不因贫富悬殊而相互歧视,常来常往。数十代不疏远。于是,龙溪胡法清和胡义生在县城坑下胡氏宗亲的鼎力支持下,顺势办起了"龙溪茶庄",利润颇丰。然而,"龙溪茶庄"存在的时间并不长。既然利润颇丰,为什么茶庄兴办时间不长就不开了呢?具体情况无考,民间的说法也不一,甚至连其后世的家人也说不清楚。笔者有一次偶尔接触到祁门新安乡高塘村的一位茶商后代,聊天中与他谈起过当年"龙溪茶庄"的这段历史。据他说,因为当时茶号众多,相互倾轧,加之洋商压价,导致价格下跌,所以停产、倒闭的茶号很多。我想,胡法清兄弟的父亲所开的茶庄没能继续下去,或许也与此有关吧。

据村人述说,胡法清与县城坑下绅士胡樵碧的关系。比之祖上更为亲密,两家往来频繁,二人亲如兄弟。胡法清每年冬季到县城办年货,都要带些葛粉、茶油、茶叶和柿饼等山货给胡樵碧。胡樵碧也会将家中的烟丝、白酒及鱼虾回赠给胡法清。"穷莫丢猪,富莫丢书。"胡法清曾在胡樵碧的劝导下,将长子胡意永送到县城读中学,期间得到了胡樵碧的很多关照,由此可见两人有着非比寻常的关系。

胡法清、胡义生兄弟在村里都属能干之人,加上祖上留下的山材、地坦多,又善于经营,家庭都比较富裕。兄弟俩也一直有个愿望,想把祖业恢复起来。

抗日战争胜利后,祁红恢复出口,茶叶生产出现一线生机。胡法清兄弟俩在胡樵碧的鼎力帮助下,恢复祖业,兴办起茶庄,开始收购、制作红茶。业务上由胡樵碧经办,联系运往上海销售。

龙溪下村(樵溪外胡)的王仁德是当时的一位制茶师傅。1950年,他曾被当地政府派往建德帮人生产红茶。但此人自由散漫,不守规矩,干了一年多便辞职回家了,过去他曾被胡法清聘为他家茶庄的制茶师。

好多年前曾走访过王仁德师傅。据他讲,胡法清当年开办的茶庄号叫

"龙溪同亿昌"茶庄，所制的红茶称之为"龙溪乌龙"。龙溪的地理环境得天独厚，这里气候温润、雨量充沛、植被丰富、树种繁多。特别是谷雨前后，山花烂漫，也是漫山遍野兰花盛开的季节，这时候采摘鲜叶制成的红茶，茶香四溢，似果香又似花香，加上滋味醇和，汤色红艳，很受商家青睐，价格比其他茶庄生产的红茶要高出一筹，且年产量仅四五十箱。物以稀为贵，每年只要一运出，便会销售一空。

王师傅说，村里的制茶师有好几位，胡法清自己也是制茶师，为什么还要聘请他做龙溪同亿昌茶庄的制茶师呢？关键在于制茶过程中的"烘焙"这个环节。大多数制茶师在红茶制作的过程中只知道采摘、初制、精制是不可忽视的工序，也十分注重茶叶的萎凋、揉捻、发酵等工艺，但要让"乌龙"香气馥郁、持久，关键在于"烘焙"，也就是掌握好烘焙的火候。湿坯收购上来，发酵程度不一，茶工应根据其发酵的程度，用不同的火温烘焙，或高温快速烘焙，或低温缓慢烘焙。许多制茶师对快烘或慢焙的火候难以把握，这就好比用窑炉烧瓷器一样，火大了瓷器有裂缝；火小了达不到一定温度，瓷器烧不透一碰就碎。另外，毛茶筛分精细，复火考究，不是所有制茶师都能很好掌握的。而这两道工序又是红茶生产的关键所在，把握不好，影响红茶质量，销售价格也就悬殊。胡法清虽说能制茶，可对这两道工序没有把握，当年只好聘请王师傅到龙溪同亿昌茶庄做制茶师。

龙溪同亿昌茶庄当时的包装一般采用锡罐和枫木箱，锡罐由专门的商店出售。先在锡罐内衬上两层毛边纸，罐外糊表芯纸和油皮纸各一层，茶叶入罐立即封口套入木箱，最后封盖用骑钉钉牢。再贴上商业包装纸，用毛笔填写茶叶名称、级别、重量、运送地点、所到码头，使人一目了然。茶箱外表全部刷上上等桐油，以防潮防水。

王仁德师傅还回忆说，胡法清兄弟所开茶庄规模并不大，只有三十几个烘罩，年产"乌龙"的量也不大，头一年只有四五十箱，第二年有七八十箱，而1948年仅生产了三四十箱。主要是当时由于国民党军节节败退，到处抓壮丁，拉夫挑兵担，见猪便杀，见鸡便捉，见货便抢，社会

混乱，民不聊生，茶庄无法正常生产，销售渠道和环境再次遭受到极大破坏。到了1948年下半年，龙溪同亿昌茶庄被迫停止生产，前前后后只生产了两年半时间。

（王进丁）

祁门商人经营红茶贸易

清末时期的祁门已是"植茶为大宗，东乡绿茶得利最厚，西乡红茶出产甚丰，皆运售浔、汉、沪港等处"。

祁门红茶主要集中西乡、南乡，"西南两乡务农者，约占十分之七，士、工、商仅占十分之三，多藉茶为生活，营商远地者，除茶商而外，寥寥无几"。在商业利益的驱使下，原先经营绿茶、安茶贸易的商人，也改为经营红茶贸易，从而涌现出一大批经营红茶贸易的家族。如西乡桃源陈氏，以陈世英、陈烈清、陈郁斋等为代表，尤其是陈烈清于光绪六年（1880）在西乡创立"怡丰"茶号，研制红茶，开西乡经营红茶风气之先。随着贸易的兴盛，他先后在西乡开设 13 家茶号，并在苏州阊门设有义成茶叶出口公司。

南乡景石李氏家族，自李大榕开始一直从事绿茶、安茶的经营；祁门茶商巨擘李训典（1865—1931）的父亲李教理（1840—1902）原本也经营安茶，并开设有德隆安茶号，后来在胡元龙创制红茶贸易的影响下，光绪二十二年（1896）开设鼎和红茶茶号，转而从事红茶经营；后来在其子李训典、李训谟、李训诰兄弟经营下，不断发家致富。

南乡礼屋康氏家族经营红茶贸易的也所在多有，尤以康达为代表；西乡历口汪氏家族经营的"亿同昌"红茶号规模较大。总之，祁门商人经营红茶贸易的风气形成及其发展壮大，胡元龙功不可没。

李训典（1865—1931）字旭寅，祁门县景石人。早年协助父兄经营茶业，钻研茶叶制造技术。民国元年（1912），任祁门县茶商公会会长。次年，任安徽省巴拿马万国博览会筹备会劝导，徽属红、绿茶出口专员。民

国四年（1915），奉令办理意大利都朗博览会茶叶展品事项，两次任事，利用报刊大力宣传"祁红""屯绿"，声誉渐著，迭获南洋劝业会、巴拿马万国博览会、意大利都朗博览会头等奖凭和奖图。

祁门茶乡自己的茶叶专家——黄建琴

茶叶专家黄建琴

　　在这次祁门举行的2020祁门红茶"茶王赛"上活跃着一位秀丽端庄的女士，她就是全国著名的茶叶专家、安徽省茶叶研究所研制员黄建琴。

也许她自己也没想到，生在祁门长在祁门的她从小上山采茶，大学攻读的竟是茶专业，工作了还是从事茶叶科学研究，拿她自己的话说：无心插柳，是茶缘让茶学成了她一生追求的事业。

　　1984年，黄建琴从安徽农业大学毕业，来到安徽省农科院茶叶研究所工作。她深知想在这个专家林立的集体中立足，光靠理论知识是远远不够的。黄建琴来到了茶叶生产的第一线，从这里开始了她作为一名科研人员的生涯。凭着对茶学专业的执着和对茶叶的热爱，黄建琴不断在日常科研、生产及生活中汲取经验。1996年，黄建琴担任了研究所机械制茶研究室主任，并被推荐为安徽省农科院学术带头人。她凭着出色的专业能力勇挑重担，1998年获得副研究员技术职称，成为单位茶叶科研、示范生产战线上的骨干，并在省内外茶业界崭露头角。

黄建琴与其他评茶专家在评茶

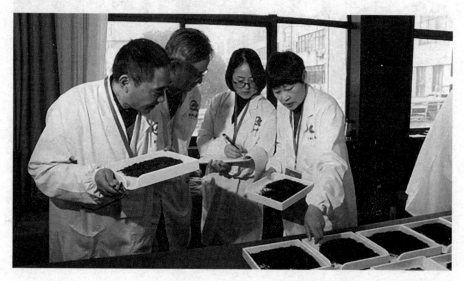

黄建琴与其他茶叶专家一道评茶

　　1996 年开始，黄建琴靠着自己不懈的努力与追求迎来了事业的高峰。学问做精、科研做强、专业做大成了她事业追求的最高境界。黄建琴在点滴的积累中寻求突破，在前人的基础上寻求创新。她在自己热爱的茶叶加工与生化、深加工及综合利用领域做出了自己的特色，引起了茶界同行的广泛关注。这些年来，她主持和承担了二十多项科研项目的研究工作，其中参加和主持省级课题 12 项，主要有：省八五攻关项目"中低档茶深加工技术研究"，省九五攻关项目"祁红特色茶叶产品精深加工及综全利用技术研究"，省财政厅推广项目"祁红香螺等名优茶创制及配套技术研究与应用"，省自然科学基金项目"祁红香气形成机理及提高祁红内质的工艺基础研究"，农业部生物技术重点开放实验室项目等。获省市科技成果三项，在省级以上学术期刊上发表论文三十多篇，其中国家级五篇。1998年，省农科院茶叶研究所成功创制出国际金奖名茶"祁红香螺"和省级名茶"绿香兰""黄山白雪"更是倾注了她的心血与智慧。

黄建琴参加 2004 茶文化与科学技术大会

　　2004 年 11 月对黄建琴来说是个值得纪念的日子，她受国际茶叶组织邀请远赴日本，站在了"2004 茶文化与科学技术大会"演讲台上，向国际茶业界展示了中国茶叶科研人的风采和中国茶叶科研工作者对茶叶科研独到的认识与理解。

黄建琴参加 2004 茶文化与科学技术大会与有关专家在神源茶厂

　　她先后主持和承担了二十多项科研项目的研究工作，成为国家茶产业技术体系黄山综试站团队成员，安徽省茶产业技术体系加工岗位专家。作为项目主持人，在"祁门红茶高效加工关键技术与自动化装备研究"中研建了国内首条工夫红茶自动化加工生产线，开工夫红茶自动化、连续化、清洁化加工之先河，使我国工夫红茶的初制加工由传统的单机开放式作业向现代化加工方式迈出了关键性的一步，并获得安徽省科技进步三等奖。此外还获得黄山市科技进步二等奖、三等奖各一项，省农科院科技进步二等奖一项。获得"一种高香卷曲型红茶的加工方法""工夫红茶自动立式萎凋机、自动发酵机"等专利授权五项。在省部级以上刊物发表学术论文二十余篇，主要代表作有：《有机肥增进红茶品质生化机理研究》（《土壤通报》）；《祁红多酚类物质氧化程度对加奶后汤色的影响》（《茶叶科学》）；《冷冻萎凋对工夫红茶品质的影响》（《中国茶叶》）；《不同区域祁门红茶品质特点分析》（《食品科学》）。

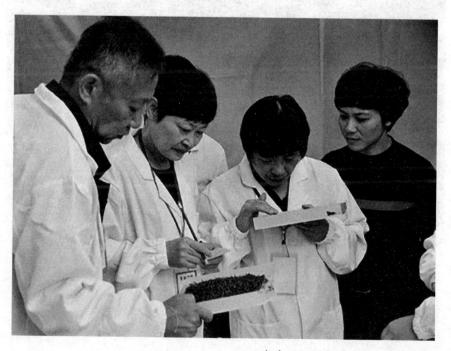

黄建琴与其他二位专家在评茶

虽然黄建琴事业取得了成功,但她并不满足于现状。作为一名制茶专家,祁门茶乡的人民代表对家乡的祁红倾注了别样的关注。所以,黄建琴一直热衷于参加祁门县委、县政府举办的科技支农活动,为乡镇科技干部、茶农讲课,并深入生产企业和茶农中间,为他们送去先进的茶叶生产理念与加工技术,受到广大茶农及茶企的欢迎。作为一名省级科研机构的茶叶专家,她还经常深入广大茶区,参与科技推广与科技兴农的工作中。据不完全统计,近十年来她参加各地科技培训授课百余次,编写培训材料数十万字,受训茶农上千人次,极大地促进了各地名优茶生产的发展,茶农茶企普遍增收,取得了显著的经济效益和社会效益。

2020祁门红茶"茶王"赛留影

汪进文和他的"祁门茶文化博物馆"

2023年春，梅城新增一处网红打卡地，它就是位于应科山水大门楼上的"祁门茶文化博物馆"，这是祁门民间收藏家汪进文先生的"私人制造"。

该馆4月2日开馆试运营，自当日接待中国科技大管理学院吴教授率领的"探寻徽商文化之旅"一行专家学者以来，已累计接待省内外客人两千多人次，上至黄山市政协副主席、中国农业科学院茶叶研究所评审师、南京大学博士，下到茶企老总、非遗传承人、茶文化业余爱好者，各路专家接踵而至，其中不乏省内外著名学者、知名人士，出现了门庭若市的热闹景象。为此，有热心肠者为之吟诗作文，更有甚者——祁春庄园庄主、视频号达人廖善宝先生还特意制作了一期短视频，称赞"这个民间茶文化博物馆了不得"！一时间，祁门茶文化博物馆成为祁门人茶余饭后的谈资，成为梅城街头巷尾热议的话题，成为市民观赏茶文化的另一个优选之地。

7月22日，我冒名来到祁门茶文化博物馆，拜访汪进文馆长。他正在忙着整理刚收来的一大堆藏品，沈哥也在帮着拍摄，见到我来，都停下手中的活计，赶快烧水、泡茶，接着便是握手寒暄，坐定，品茗。我们一边喝茶，一边东拉西扯着有关他和祁门茶文化博物馆的话题，聊着聊着，便渐入佳境，汪进文收藏的成长之路逐步清晰起来，主题也随之突显出来。

汪进文出生于祁门茶厂，祖父和父亲两代人都是该茶厂的老职工，他可谓茶厂的"世家子弟"。然而残酷的现实却跟他开了个改变他一生命运的玩笑，没有让他"近水楼台先得月"——子承父业，招工进茶厂，而是被招进了祁门朝阳厂，整天跟素不相识的电机打交道。可如此一来也好，自己手中有了工资，做啥事都方便。从读初中就喜欢收藏的汪进文再也不满足于小打小闹只收藏烟标、火花这些小玩意儿，而是开始专注于收藏瓷器、邮票这些大件、雅品，这是1991年刚参加工作时的事情。后来通过交换藏品，汪进文认识了城内几位收藏大咖，受他们的熏陶和指导，开始转向收藏祁门瓷器和徽州文书，大胆探索，向着新的专业领域进军，拓宽了收藏视野，这是汪进文收藏的一个转折点，自此一发而不可收。在朝阳厂工作的十三年里，汪进文一边工作一边下乡收购古董。由于"一人吃饱，全家不饿"，手头比较宽裕，也收购到了不少珍品和精品，专业水准越来越高，被行内大师傅所看好，说他是可造之才，前路一片光明。

可是好景不长，2004年朝阳厂倒闭，汪进文成了下岗工人，失业在家。为了生计，为了家庭，也为了收藏，汪进文不得不外出打工谋生。运气不错，汪进文所打工的这家公司效益特好，水涨船高，他的工资也偏高，日积月累，手中有了一笔不菲的存款。也许是命运多舛，好运不长久，2016年该公司倒闭，汪进文再次遭遇下岗，生活陷入了困境。此时的汪进文异常冷静，不再留恋"外面多彩的世界"，而是理性地选择回梅城做保安。此时，恰逢祁门茶厂棚户区改造，拆除办公大楼，茶厂堆积如山的老物件、重要资料无人问津，随处可见。有的乱丢乱放在工地上无人保管，有的被三文不值两文卖给了废品收购站，真是"孙卖爷田不心痛"啊！可汪进文看在眼里，痛在心头，为了抢救这批物件和资料，尽量做到少流失，他不怕风吹雨淋，到拆迁现场翻找捡拾；厚着脸皮向拆迁户讨要或回收他们乱丢乱扔的"垃圾""废品"，不计价格；不厌其烦地跑到废品站，同负责人商量，按该站收购价钱的两倍回购，倾其所有积蓄。功夫不负有心人，汪进文终于抢得了数千件被遗弃的茶厂旧物，虽花光了积蓄，却受到了茶厂老人和诸般子弟们的一致好评，无愧于"茶厂世家子弟"这个称呼，钱花在了刀刃上，花得不亏，值当。

都说"人生如戏，戏如人生"，所不同的是，"戏"浓缩在舞台上，而人生却要漫长在日常生活的点点滴滴之中，它是一种历经磨难的过程。在三十年的收藏过程中，汪进文也是凡人，也有着满肚子的心酸、委屈和煎熬，其中的艰难困苦是可想而知的。首当其冲的自然是经济问题，它直接影响着家庭生活的品质和水准。自己是爱好使然、自作自受无所谓，可妻子和女儿，还有父母及亲人则要跟着受苦受累又受穷，无论怎样，良心上确实很过意不去，那种滋味是一种无法言状的煎熬和折磨。所以，汪进文也一直想尽快从中解脱出来。今天看到的祁门茶文化博物馆，就是因为汪进文"良心上过意不去"，才自我"突围"而求多福的结果。

事情的起因是这样的：汪进文一家人住的是三室一厅、八十八平方米的房子，家中所有闲余空间都堆放着各类藏品，床铺底下更是塞得满满的，甚至连床铺板上也铺上了厚厚一层纸质资料或文件。随着收购的藏品越来越多，只好将客房改作展室，多做些博古架，把展品摆放在博古架上，前来看展品的人也越来越多，且呈频繁趋势。客人一来，吞云吐雾，弄得家中乌烟瘴气的；客人一走，室内一片狼藉，怎不使人生烦、生厌？尤其是女儿已成大姑娘了，再有这些"闲杂人员"等在家中进进出出，确实多有不便。于是他决定，花小钱在外面租间房子进行展出，以服务于业内朋友和收藏爱好者。谁承想应科山水门卫室租期恰好到期，和他们领导一商量，竟得到他们的大力支持，于是就有了这间狭小的博物馆。小是小了点，但有总比没有强，总比摆放在家里舒心多了。尽管前来参观的人一波又一波，家居却受不到丝毫影响，汪进文颇感慰藉。

汪进文饱含深情地说，好在这么多年，一家人都能宽容理解和大力支持。要说一点埋怨也没有也是不可能的，偶尔的小磕小碰还是有的，也就是在这样的磕磕碰碰中走过来了，才倍加珍惜。阳光总在风雨后，现在终于见到了彩虹，一切的一切都成了"过去式"，可以放开手脚，大干一场，让"心有多大，舞台就有多大"的梦想成为现实。如今的成就摆在面前，证明汪进文当初选择回县打工（做保安）是有先见之明的，这条路选对了。正是因为如此，就像于无意之中中了大奖一样，才有了近万件的藏品、200多平方米的博物馆，成为祁门收藏界出类拔萃的人物；才于逆境中有了转机，书写出后起薄发、超越他人的奇迹，才于服务他人、奉献社

会中成就了自己,拥有了今天的声誉!

当我问起汪进文为何要珍藏这么多祁门茶厂的"记忆"时,他略微沉思了一下,轻咳一声,稳定了一下情绪,对我说:"安徽省祁门茶厂是我国最大的专门生产出口红茶的国营企业,成立于20世纪50年代初期,历经半个多世纪,曾创下了无数的辉煌,是那个年代祁门人民的骄傲。作为一名生在茶乡、在茶厂长大的收藏爱好者,我对祁门茶厂有着难以割舍的深厚感情,多年来甘愿倾己之力,将关于茶厂的一些文献与实物收而藏之。如今适逢我县将祁红产业列为四大主导产业之首加以大力发展,祁红制作技艺列入世界非物质文化遗产之一,祁门县成功加入'万里茶道'世界文化遗产申遗城市联盟,祁红发展进入全面振兴的关键时期,我以个人名义将所收部分藏品取名'祁门茶文化博物馆'展示之,可弥补县内其他涉茶展馆之不足,让更多的人从中得以了解祁门茶厂的辉煌过往和'祁门香'的历史印迹,为高质量建设景美民富、政通人和的'世界红茶之都,美丽康养祁门'尽一份微薄之力。"

短短的接触,发现汪进文不像一般文物贩子或收藏爱好者,浑身散发着铜臭味,他是一位具有家国情怀的人。汪进文告诉笔者,他曾这样告诉过县文旅体局的章四海领导:"浮梁那块(1915年巴拿马万国博览会金奖奖章)已捐给政府了,我这块等我老了,不开博物馆了,我也捐给政府。"要知道,汪进文馆藏的这块奖章也是在1915年巴拿马万国博览会上获得的金奖奖章,而这可是他的镇馆之宝啊,轻飘飘的一句"捐给政府"说出口,需要多大的勇气和胸怀啊,不得不佩服汪进文的高尚情怀和慷慨义举!

星光不问赶路人,时光不负有心人。汪进文的"祁门茶文化博物馆"一炮打响、一夜走红,这是他始料未及的,也是大家所希冀的,进一步增强了他办好祁门茶文化博物馆的信心和力量。开好局,起好步,迈出一步天地宽,衷心祝愿汪进文和他的祁门茶文化博物馆名气越来越大,明天更美好!

(叶永丰)

第三篇

祁红春秋

茶叶科技工作者的摇篮——祁门茶业改良场

安徽省政府建设厅祁门茶业改良场证章

安徽省农科院祁门茶叶研究所的前身是祁门茶业改良场,它的历史
可以追溯到北洋政府时期的农商部安徽模范种茶场 (1915),到现在已有
七十多年了。

民国二十年，祁门茶业改良场编辑的茶叶书籍

七十多年以来，祁门茶业改良场随着政局的变化，历经坎坷。在1930年前的十多年，基本上是在保留、撤销、停废、放弃等时断时续中度过的。这个场之所以能延续下来，且在20世纪三四十年代具有一定规模，成为当时茶叶科技人员向往的学习实验基地，在国内外享有一定声誉，是和茶叶界老一辈的吴觉农先生及胡浩川先生，为茶叶事业坚韧不拔的奋斗分不开的。

吴觉农早年在浙江杭州的甲种农校就读时，目睹殖民主义者的贪婪掠夺和扶植殖民地国家发展茶叶，导致我国茶叶由盛到衰、日趋没落的遭遇感慨万千。因此在农校毕业后，就积极报考留日专攻茶业的官费生，于1919年赴日，1923年学成回国。当时国内正值军阀混战，不少知名人士呼吁"实业救国"，吴觉农也曾多方奔走，号召集资兴办新式茶场茶厂。可事与愿违，到处碰擘，不得不从事茶叶以外的工作。直至1931—1932年间行政院农村复兴委员会成立，才组织了一次对重点茶区的调查工

作。吴觉农和胡浩川先生合著的《中国茶叶复兴计划》和《祁门红茶复兴计划》就是在这个调查的基础上完成的。调查中了解到原农商部模范种茶场已经废置,吴觉农即向安徽省建设厅呼吁,获得省方同意恢复,并应省方要求兼任场长。当时这个场,茶园荒芜,制茶厂房用具一无所有,场址又在南乡平里,地处偏僻,交通很不便。吴觉农因主持上海商检验局茶叶出口检验工作,不能分身常驻祁门主持恢复工作,而较有水平和能力的技术人员也多不愿前往穷乡僻壤的艰苦山区工作。所以 1932—1933 年在吴觉农在兼任场长的一年中,仅做了一些恢复的基础工作,如某些茶园的垦复,办公场址及初制工厂的修缮,平里茶叶运销合作社的试办等,常驻祁场负责的是总务主任张维。

吴觉农编辑的书籍

　　1934 年,全国经济委员会农业处成立,在吴觉农的建议下,联合实业部和安徽省建设厅,改组扩大了祁门茶业改良场,并将修水茶场并入,场址迁设祁门县城，由上述单位共组祁门茶业改良场委员会。商定建设费由经济委员会农业处承担，经常费由实业部、省建设厅负责。这次祁门茶业改良场的改组，影响很大，闽、浙、赣、湘、鄂等各产茶商也先后成立或扩充茶业改良场（所）。由于吴觉农要赴日本、印度、锡兰等产茶国及英国、苏联等销茶国考察，为期三年，于是向委员会极力推荐任命胡浩川为场长。当时胡浩川是上海商验局茶检室技士，在吴觉农的敦促下，欣然应命。1934年9月，胡浩川离开繁华的上海，孑然一身来到祁门，艰苦创业，惨淡经营，十五年如一日，为发展茶叶事业做出了可贵贡献。

1935年茶季，我和范和钧先生（上海商检局茶检室技士）一起第一次到了祁门，带来了化验室用的仪器药品。当时不仅办公室和初制茶厂厂房及必需的简单机具设备已初具规模，试制茶园、苗圃、经济茶园也已垦辟不少。随着地方的日趋平静，职工生活也较前安定，总场的设置已在酝酿之中。

滇红创始人、茶厂奠基人、
当代著名茶叶专家冯绍裘先生
（1900～1987）

冯绍裘先生

我们到场的已有原修水茶场主任、祁场技术员冯绍裘，刚从日本等地实习制茶回来的徐方干，还有张维、潘忠义、姚光甲，以及从事文书工作的张本国，庶务工作的孙尚直，财务工作的刘时敞等。我和范和钧先生这次来祁，主要是实习制茶，并作为他的助手进行红茶发酵的初步研究等课题。

我们除了做些调查，了解当地茶农的红茶初制方法，和各茶号收购茶农湿胚毛茶精制成箱茶出运的具体情况外，主要在平里祁场初制工场就当时仅有的几架手摇粗揉机和小型的电动揉捻机、干燥机等简单设备，以不同鲜叶原料进行初制的各种试验。当时只有简单的室内萎凋架设备，用加温喷雾通风等方法以调节和监测温湿度。我们做了室外萎凋、室内萎凋、日光萎凋、阴处萎凋、自然萎凋、加温萎凋等交叉反复的比较实验，每半小时或一小时检测其减水率及水浸出物的色泽，探索合适的萎凋方法和恰如其分的萎凋程度。揉捻方面只进行传统的人工揉捻（手揉、足揉）和手摇机、电动机揉捻的比较试验（时间长短、次数、加压程度等）。发酵试验仅设置简易木质发酵箱，用自然温湿度、加温和烧水增加温湿度，利用烘茶室室温增高温度等做比较试验，连续四至五小时。烘干则完全采取传统竹编烘笼和焙炉，然后将各试验品进行审评比较。同时还在徐方干先生的带领下，搞了一座专制日本玉露茶的焙炉，大家围在一起要站十多个小时，不能搓沓直至完成。作为一个初次接触制茶实践的我来说，在祁门度过的那一个茶季是毕生难以忘怀的。

范和钧先生因事回上海，但我却舍不得离开祁门，留下来和当时经济委员会农业处驻祁专员刘淦芝及上海银行农贷部的王立我、刘时敞等，去各乡组织的十多个合作社进行调查指导。当时从平里可以乘船和竹筏经过塔坊直达县城大桥。阊江山明水秀、郁郁葱葱，景色迷人。我回上海时已入秋了，经济委员会农业处商定庄晚芳先生驻祁场任技术员。1936年，全国经济委员会农业处撤销，农业行政划归实业部，祁门茶业改良场改为"省立"，由实业部（农业实验所，上海、汉口两商检局）每年补助经费，并规定对重要科研项目及主要人员的任免要经实业部核定。由于经费有着落，各种机具设备得以充实，祁场稳定发展。

吴觉农在祁门

同年，实业部约请吴觉农筹备举办茶叶产地检验，成立茶叶产地检验监理所，在上海登报公开招考茶叶产地检验技术人员训练班学员。规定甲组大学毕业，乙组高中毕业，丙组初中毕业，才能报名应考。这是我国茶叶主管部机关办得最早的一期茶叶技术人员训练班。考生录取后，由范和钧先生率领去祁门茶业改良场学习。从那以后，几乎所有全国性的茶叶技术人员培训班都以祁门茶业改良场作为训练实习的基地，而祁门茶业改良场本身也自办或接受委托代办过多期茶叶技术人员训练班。抗战前，全国所有茶叶科技人员无不向往能去祁门茶业改良场观光学习，也无不直接受过祁门茶业改良场的熏陶和影响。

吴觉农与范和钧编著的《中国茶业问题》

　　这一年，茶叶事业还有几件事值得一提。在吴觉农的一再呼吁下，皖赣两省联合成立皖赣红茶运销委员会，对红茶办理联合运销，统一出口。在这个基础上，实业部联合各主要产茶省及部分私营工商业者，筹组中国茶叶公司。吴觉农和范和钧等合著的《中国茶业问题》也在那年问世。再是祁门茶业改良场实行机械制茶，外形色泽较传统祁红乌润，质量显著提高，这一年的售价超过了开红盘时的顶盘价，震动了整个茶界。从此以后，祁门茶业改良场的产品售价每年超过传统红茶的顶盘，树起了极高的声誉。

　　1937 年，我随吴觉农先生到了武汉，在贸易委员会邹秉文先生支持下，与苏联谈判长期易货协定，并订立年度茶叶易货合同。迫于支持抗战和易货创汇的需要，贸易委员会开办了全国茶叶的统购统销业务，各主要产茶省成立茶叶管理处（局），管理指导和扶持茶叶厂商进行生产。由贸易委员会在各省设的办事处（后归中国茶叶公司）统一收购后，集运香港，由贸易委员会驻港机构富华贸易公司履行对苏交货，及时对外推销工作。

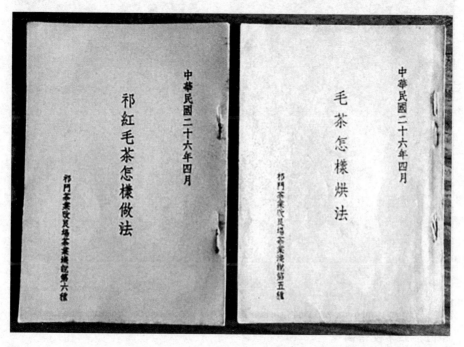

祁门茶业改良场使用的教材

　　要做好这样空前规模的包括茶叶生产、收购、运销各方面的工作，非有一支庞大的茶叶专业科技队伍不可。前几年茶叶检验机构和祁门茶业改良场培养的茶叶科技人员在工作中发挥了积极作用，不论是在生产区或销售区，在生产、收购和运销的每个岗位上，无不以他们为主要负责人。祁门茶业改良场在这方面做出的贡献，绝不是能用价值来衡量的。早在抗日战争前，祁门茶业改良场在国外茶业同行中就享有一定声誉。战前日本著名的茶叶生化专家山本亮博上专门研究茶叶香气，再三要求到祁门茶业改良场考察。抗战期间，中茶公司的英籍技术顾问韦纯和驻香港富华公司的苏联茶叶专家也想到祁门观光。新中国成立后，几乎每年都有苏联茶叶专家专程到祁场观摩考察，其中不少还是在学术上有较高成就的院士、博士。祁茶的发展也引起了印度、斯里兰卡，东非等产茶国家的关注。

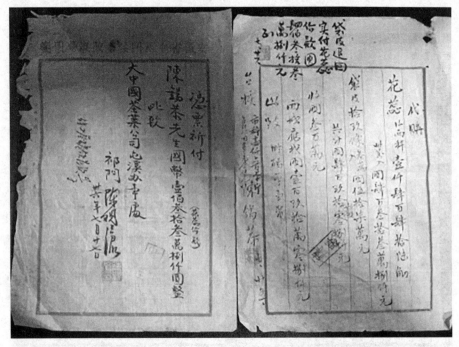

祁门茶业学校信函

从抗战时期办理茶叶统购统销（我在香港负责销售工作）一直到20世纪50年代末，我因工作关系每年茶季都要去祁门茶业改良场一次。祁门茶业改良场以及现在的祁门茶叶研究所是培育我国茶叶科技工作者的摇篮，是我从事茶业学术工作的启蒙母校，祁门是我所热爱的茶的故乡。祁门茶叶研究所必将继往开来，为我国茶业事业做出更大的贡献。

（作者钱梁，原为上海市茶叶进出口公司高级工程师）

历史上的安徽省祁门茶业学校

1951年，省农林厅根据国家教育部召开的全国技术教育会议精神和"以调整、整顿为主，有条件发展"的方针，在祁门县初级中学内附设茶叶初技班，命名为皖南区祁门初中茶科学校；1952年7月，茶叶初技班选定校址，1951年6月—1952年10月，汪文龙任该校首任校长（汪文龙改革开放后1978年又任安徽省重点中学休宁中学校长）。

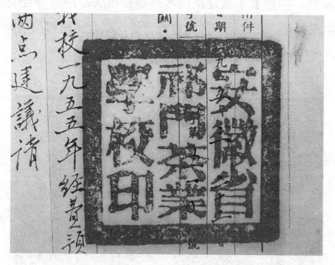

安徽省祁门茶业学校印

1951年10月更名为安徽省祁门茶业学校，杨四堂先生任校长（1952.10—1953.5），正式招收茶叶中专班学生。当时教职工总人数12人，

其中教学人员 5 人，职员（包括教学辅导员）两人，工人及勤杂人员 5 人。

一九五一年祁门茶业学校报表

1952 年底，学校着手搬迁新校区县城湖桥头。1953 年经安徽省农林厅核定，由熊顺记、汪鑫记和芜湖建业营造厂联合承建祁门茶业学校楼房修建工程，房屋面积 366.62 平方公尺。

祁门茶业学校奠基碑

1953年5月，县城湖桥头新校区建成，1953年6月完成搬迁。1953年6月—1954年6月，谢捷三为安徽省祁门茶业学校新校长。教职工总人数22人，其中教学人员9人，职员（包括教学辅导员）6人，工人及勤杂人员7人。

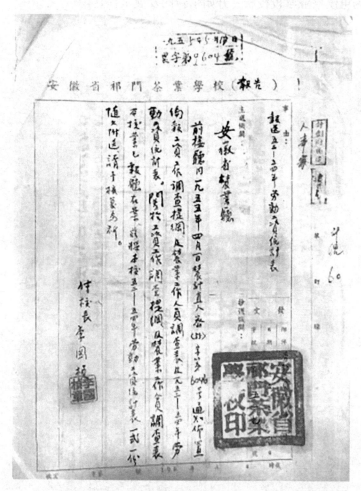

安徽省祁门茶业学校打给省林业厅的报告

1954年7月省农林厅任命李国桢为副校长（主持工作）。教职工总人数26人，其中教学人员11人，职员（包括教学辅导员）7人，工人及勤

杂人员 8 人。学校规模逐步扩大，为了适应新形势发展，学校着手向屯溪搬迁。

1955 年 10 月，由祁门湖桥头迁往屯溪，选址屯溪高枧，易名为安徽省屯溪茶业学校。这期间（1955.11—1957.5），李国桢由祁门茶业学校校长变更为屯溪茶业学校校长，开始了新的发展里程！

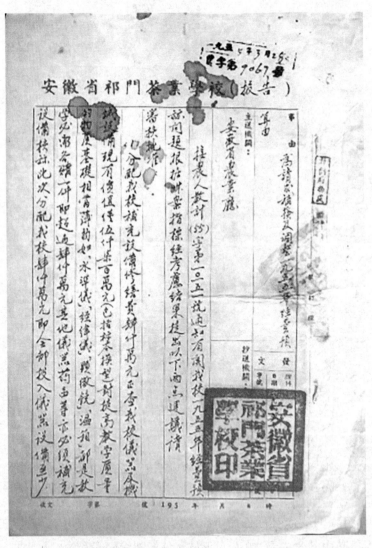

安徽省祁门茶业学校资金申请报告

　　祁门茶业学校十分重视学生素质教育和毕业生就业工作能力培养，恪守"以人为本位，以能力为核心，以素质为基础，以技能为手段"的职业教育思想。加强学生实践技能体系建设，强化学生的实践技能训练，注重学生创新能力的培养，为新中国的茶业事业做出了一定的贡献。

过去祁红经营地——茶号

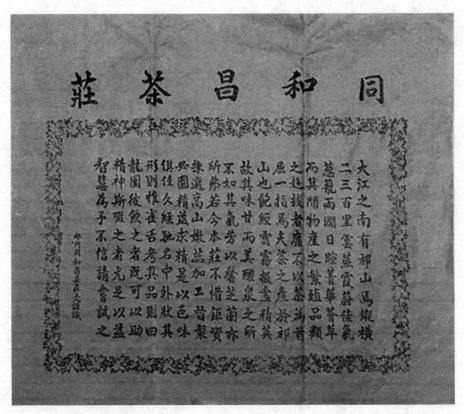

同和昌茶庄茶票

　　说到祁红的经营，我们不能不提到那些根植于古徽州集镇之上的茶号。据说，祁门县的每一个村落，也都有自己的茶号。

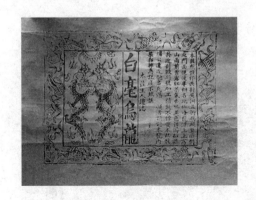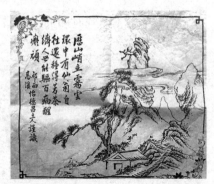

祁门茶票

茶号是徽州人在当地的业茶机构，通常集收购加工运销于一体，是一种季节性很强的制茶场所。茶号的经营场地既有专门的处所，也有借助其他地方的。

经营性茶号，一般是对半成品的毛茶进行深加工，按照业内人的说法，叫"精制"。茶号收购毛茶的渠道一般有两种：山客向茶农零星收购，转而贩卖给茶号；另一种是茶号自己或到茶农家里收购，或者茶号在产区设立专门的收购点，像这样的茶号，主号叫门庄，收购点叫子庄。而那些经营茶号的业主，基本都是当地有声望的乡绅。

茶号内部分工很细致，具体地说有掌号、账房、掌烘、看样、掌堂秤、管厂、箱司、铅司、拣丝（发拣收拣收发竹筹）、水客、厨司等。从某种程度说，祁门茶号是祁门红茶的发源地。

茶号的经营场地既有专门的处所，也有借助其他地方的。专门的场所建筑比较讲究，通常是选址干燥、空间开阔，窗户小而多，目的是既通风又防止香气走散。借助的场所多是祠堂。祁门历溪村的合一堂祠堂就是这样一处典型的场所。20世纪30年代，村里有一位叫王文涛的茶商，在这里开了一座"和昌号"茶号，大门的右边用作拣场，寝堂楼上用作揉捻场地，楼下有一边门，直通外面的文会老房。设置在祠堂的拣场都特别讲究，为方便采光和防雨，天井上部都安装了可以收进推出的活动玻璃瓦，地板装得也高，人站在拣板上可以摸着大梁。所以至今祠堂的大梁上还留有五个当年茶工嬉戏时印的"和昌号"茶印。

怡和牌茶号代金卷

祁门古茶碗

一般来说,这些茶号有一定的延续性,也可能会有一些变化。例如祁门清溪村就有这样一个茶号,20世纪30年代,村里有兄弟四人合办了一座"同声福"的茶号。开办时生意很好,后来因为其中有一个人在外惹是生非,其父只好用"同声福"抵债,造成四位股东不欢而散,以致村里产生民谣"茶号同声福,蚀本蚀到哭"。再后来,村里另一人重新接手茶号,改名为"永昌盛"。

茶号支付制茶工人的工资以包工制居多,通常是与包工头一次性谈成。普通制茶 200—250 箱，需要工人 20 人左右，300 箱需 24 人，即茶工数根据茶箱数来定。

　　茶号资金的来源，一般有三种：贷款、附本、自有资金。贷款是茶号经营的主要资金来源，全靠上海的茶栈放贷。那些茶栈每到一二月份就开始派人到茶区来考察，办理手续。要贷款的茶号先要找一位茶栈信得过的人做担保，担保人一般是地方威望较高的乡绅。

　　茶号制作了徽州千姿百态的茶叶，从而也打造出以徽州茶叶为营生的茶叶产业，茶行、茶栈、茶庄，以及围绕着以茶叶为产业而派生出的各种组织机构，都是在茶号的基础上演绎发生的，同时又与茶号有着唇齿相依的关系。

祁门历口彭龙村日新茶号石碑

上海滩上的"茶叶大王"汪裕泰茶行
与祁门红茶

　　民国上海滩的汪裕泰茶行始创于清咸丰年间,其创始人为著名徽商汪立政,徽州绩溪人。据史料记载,清道光十九年(1839),年仅十二岁的汪立政走出家门,远离家人,随族人赴开发不久的上海滩从艺学商。[1][2]

　　1837年,汪裕泰茶行的前身北裕泰成立。十年后,祖籍徽州的汪立政入驻北裕泰,改号为汪裕泰。咸丰元年,也就是1851年,汪立政在上海始创汪裕泰茶庄南号。经过祖孙三代人百余年的努力,到了民国时期先后在上海等地开设了茶庄、茶行、茶栈二十余家,逐渐发展为民国时期上海最大的茶叶店,成为上海滩的"茶叶大王"。[3]

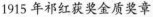
1915年祁红获奖金质奖章

　　1915 年，巴拿马太平洋博览会在美国旧金山举行，中国茶叶出品获得包括七枚大奖章在内的大量奖项，其中上海的汪裕泰红茶获得了仅次于大奖章的名誉奖章。红茶是一种"完全发酵茶，发酵度达百分之八十到一百。新鲜茶叶晾晒掉百分之四十左右的水分，然后用力揉捻出大量茶汁，促使发酵"。具体来说，中国所生产的红茶有许多品种：按制作工艺分有工夫茶、小种茶、白毫茶、珠兰茶、花香茶等，按产地分有祁门[4]茶、武夷茶、安化茶、宁州茶、北岭茶等。故而，首先需要分析汪裕泰茶行售卖的红茶究竟属于何种茶。

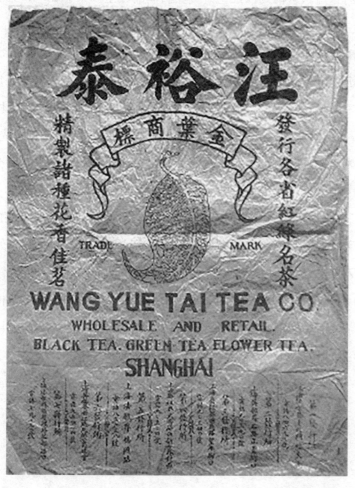

汪裕泰茶票

　　根据 1931 年《商品调查丛刊》[5] 对上海茶业的调查记录，"在红茶中以祁门为首，而售价亦最贵，江西宁州茶次之，两湖红茶最下"。上海茶叶主要来自浙、皖两省，由于汪裕泰茶行的创始人来自安徽绩溪，汪裕泰红茶毛茶大多来自祁门产的祁门红茶。

　　精制而成的祁门红茶茶叶色泽近于黑褐色，茶汤近于红铜色，与绿茶扑面而来的清香不同，红茶的香气更为浓厚悠长，口感则更涩一些。矶渊猛这样描述："茶叶揉捻成条，颜色乌黑发亮。掺入银色茶牙，酝酿出甘甜鲜美的味道。茶汤为深红色，犹如温润的红玉。茶香如兰，茶味似果、似蜜。"

　　汪裕泰祁红初制毛茶主要工序有：萎凋、揉捻、发酵、烘干，再运往茶号，进行精制，"在茶季，茶号雇请宁州、河口、婺源、怀宁等地茶工，使用手工操作，其工序分为筛分、拣剔、补火、官堆四道"。具体到上海茶叶店，"茶叶来源，多系毛茶制成，制法与洋庄茶颇有不同。先将毛茶以筛分为上中下三种，再用十三号不同之筛，分成各项细目，筛分之后，乃用簸篮簸去黄片及灰末，再拣去茶梗茶子等，拣后用焙笼焙之。干后即可发售"。茶行所卖的茶多是自行加工过的，比如花香茶也是红茶的一种，就是由茶叶店精制时加入鲜花制作而成，"先将鲜花如茉莉珠兰玫瑰等晾干，加入烘干之茶叶内，加后再烘，烘后再加，如此者再，则所谓双燻四燻也"。只是比洋庄少了一道工序，所以，"汪裕泰红茶"本身就不是特指某一种茶，而是店铺通过精制得到的各个红茶品种的总称，而其中祁门茶是主要毛茶原料[5]。

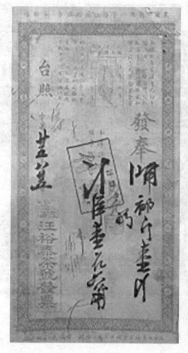

汪裕泰茶号与祁门红茶的发票

英人最嗜红茶，我国茶叶输英，向以红茶为主，绿茶则为数极微。而红茶中又以祁门红茶最为畅销，次为宜昌红茶。汪裕泰茶行依托上海优势的商贸大市场地位，不惜大投资金，一方面引进日本的精茶加工机械和技术，大量加工生产，从而做大外销祁门红茶。这时的汪裕泰茶行拥有茶庄八家、茶厂两座、沪外分店四家，民国期间正处鼎盛时期[6]。

到了第三代掌门人汪振寰执掌祖业后，新聘能人，创新经营，以名茶为主、家乡徽茶为主、花色和优质为主的"三为主"，这时祁门红茶占有相当的份额。在主要的红茶产区祁门，汪裕泰茶行要派专人驻守，凭着拥有的雄厚资金和经验丰富的专业技务人员，汪裕泰茶行总能在第一时间将优质祁门红茶收购到手，各分店统一配货，所以无论在哪家分号。同一品种茶叶质量都稳定一致。良好的信誉和优质的服务使汪裕泰茶行拥有大量的新老客户。

汪裕泰上海第四茶号

　　其拓展海内外茶叶市场,这一直持续至抗日战争爆发。无奈抗日战争爆发,时局动荡,茶市逐渐萧条,风光不再。汪裕泰茶行主人根据时局当机关闭了上海部分茶庄及外埠分店,迁往台湾及海外设茂昌品牌继续做茶叶生意。在沪的其他茶庄,交给其兄汪振时经营,直至新中国成立后的公私合营[7]。

　　这样清代咸丰元年（1851）创办于上海的"茶叶大王"汪裕泰茶行,经营与发展了近一百余年,直到全国解放后1956年公私合营,百年老店的汪裕泰名茶号随着解放后的公私合营和上海茶叶进出口公司的成立而寿终正寝。[8]

（胡永久　彭江琪　胡冬财　搜集整理）

参考文献:

[1][日]矶渊猛著,朝颜译:《一杯红茶的世界史》,第18页。

[2]上海商业储蓄银行调查部编:《商品调查丛刊第四编（茶）》,第

11 页。

[3][日] 矶渊猛著，朝颜译：《一杯红茶的世界史》，第 36 页。

[4] 祁门县地方志编纂委员会办公室编：《祁门县志》，第 186 页。

[5] 上海商业储蓄银行调查部编：《商品调查丛刊第四编（茶）》，第 49、50 页。

[6] 上海商业储蓄银行调查部编：《商品调查丛刊第四编（茶）》，第 50 页。

[7] 刘芳正著：《民国时期上海徽州茶商与社会变迁》，第 63 页。

[8] 行政院新闻局编：《茶叶产销》(民国三十六年)，第 316 页。

南昌"徽帮"——怡盛杂货店

第三章　副食品行业　·289·

第八节　劳动保护用品业

劳动保护用品(简称劳保用品),是解放后,人民政府为保障职工在生产中安全防护和改善劳动卫生条件副规定国营商店专供的商品,供应对象主要是工矿企业。劳保用品供应由省下达指标,纺织品(百货)公司分配,劳保商店组织供应、专项专用。劳保用品指标分配包括劳保用布、工作手套、雨衣、胶(雨)鞋、肥皂等。1962年以前,劳保用品分别由纺织品公司和八一商场防护用品专柜经营。1962年成立南昌市劳保用品商店,负责南昌市厂矿、企事业单位的劳保用品供应,供应数量视供求状况、政策的调整面变化。劳保用品经营品种,1979年前只有700余个,随着流通体制改革,工业自销,劳保用品经营受到影响。1980年后,劳保用品商店开拓经营、加强工商联系、开辟货源渠道,使劳保用品的供应从经营性向经营服务性转化,经营品种增至1000余个。通过改型换代,并从实用性向实用、美观、轻巧方面转变,提高了企业的竞争能力。1983年12月取消布票后,劳保用品销售受到影响。1985年销售额549万元,较1979年750万元,下降26.8%。

第三章　副食品行业

第一节　糖　业

解放前,食糖一直由京果南货业经营、1934年南昌京果南货业共有269户,较大的商户有信茂、怡盛、昌祥泰、老天禄斋、万元、大兴、元裕、裕昌等徽(安徽)帮;彩懋、协泰、元泰和四季春等南昌帮;颁河永记、沈开泰和厂商南昌隆、光华轩等,分布在中大街(今德胜门)、洗马池(今胜利路)一带。1936年因市场萧条,业务清淡,只剩下163户。1946年后,南货业有所复苏,1947年南货业有194户,到1949年10月共有210户。1952年国民经济恢复时期,私营商业发展至384户,从业人员1279人,其中茶糖南北货91户503人,杂货293户716人。"一五"期间,国营商业加强了食糖的经营管理。1953年停止了私营商业食糖的批发业务,食糖购销统一由国营商业公司经营。

《南昌简志》介绍的怡盛杂货店

　　新中国成立前,南昌食糖业一直由京果南货业杂货店经营。1934年,南昌京果南货业共有 269 户,较大的商户有信茂、怡盛、昌祥泰、老天禄斋、万元、大兴、元裕、裕昌等徽（安徽）帮；彩懋、协泰、元泰和、四季春等南昌帮；浙商沈三阳、沈开泰和广商南昌隆、光华轩等，分布在中大街（今德胜门）、洗马池（今胜利路）一带。1936 年，因抗日战争爆发，市场萧条，业务清淡，只剩下 163 户。1946 年后，南货业有所复苏；1947年，南货业有 194 户，到 1949 年 10 月共有 210 户。

抗日战争时期武汉城

南昌洗马池祁门人开设的怡盛杂货店，该店资本雄厚，经营得法，在江西南昌有"徽帮"之誉。"怡盛"前店后坊，以经营茶叶（包括祁门红茶）、香菇、虾米、糕点、蜡烛等杂货为主，后坊加工糕点、茶叶、蜡烛交前店出售。

原祁门县城商业局职工汪寿基，曾随其父在"怡盛"从商十七年之久。汪老先生曾介绍，"怡盛"开业于抗战前，是家老商号。商号有从业人员六十多人，且大都是祁门人。店设正管、副管、头柜、店倌等职，正管、副管相当于现时的经理、副经理。祁门人郑子荣任"正管"，汪寿基父亲则任"副管"。"头柜"为坐账桌的，负责收银、开单、验洋钱真假；

"店馆"为坐柜台的。顾客进店买货,"头柜"收银、开单交店信,店信朝里间喊:"×× 一斤,×× 四两……"店堂里间则称秤、包包送上。

　　"怡盛"对包装是考究的。就纸包而言,有礼包、有方包、有三角包、四角包、圆筒包、斧头包等。方包用来包茶叶,圆筒包用来包送礼糕点,四角包是为顾客拜菩萨、敬神灵购糕点用的,斧头包用于包糖、包粉,三角包用来包瓜子。各种包包好之后,店家还要将这些包排成底大顶小的各种形状,扎成一大包拎给顾客。包装纸有两层,里层草纸,外层用好的纸料,可谓内廉外美。

　　"怡盛"有这样的规矩,每年农历十月至十二月,店家都安排人包包,大多是包茶叶、香菇、虾米、糕点……六人为一组,其中两人称秤,三人包包,一个人捆,以适应旺季生意。

武汉洗马池

　　旧时的南昌,是徽商、浙商的集合地,汪寿基兄弟四人随父在此做"学生",亲身体验到经商的艰辛。其中,汪寿基的大哥在"万元"杂货店(徽帮),他与二哥在"怡盛"杂货店,三弟在浙帮开设的"沈三阳"杂货店。

　　在"怡盛"做学徒,一般为三年。第一年扫地,第二年抹柜台,第三年烫水烟筒。月薪:第一年五角,第二年一块,第三年一块五角,第四年满师为三块。学徒一进店就要练称秤,以称一斤为准,添减只限一个枣子的分量。此外,学徒还要为店里食堂买菜,夜里在店堂搭铺看店。

　　在南昌,"怡盛"虽不是会馆,亦行同乡谊。祁门人去南昌找"事",可借住店家。吃饭是不要钱的,直到找到"事"为止。祁门人回家乡缺盘缠的,店家还供给盘缠。乡人出于感激,在店家逗留期间也都帮忙干些活,大多不要工钱。

　　抗战爆发,市场萧条,业务清淡,为避战乱,"怡盛"店员陆续返祁,店衰倒闭。

现代的武汉城

屯溪二马路旁的祁红巷

屯溪老街祁红巷

据传清末有一位姓吴的老汉，在祁门当地销售茶叶遇挫，吴老汉针对这一市场变化，考虑到屯溪市场大，水路交通发达，果断地做出了到屯溪谋发展的决定。

　　把茶号开在老街上是他不二的选择，但把家室和茶叶仓库安在何处，着实让他费了一番周折。他考虑到，此处不仅要靠近老街店面，而且离新安江码头也不能太远，最好还能够闹中取静，不显张扬。后经四处打听、实地勘察和反复权衡，再请托当地士绅从中周旋，他终于如愿以偿地买下了二马路旁的这块地。

屯溪老大桥

屯溪老街

　　然后，不惜重金大兴土木。几年后，一条将两旁深宅大院的高墙划隔开来的小巷就这样深藏在了黄山脚下。这位吴老汉也凭借着屯溪这方风水宝地，广进祁红货源，在此分级和再包装，最后将成品发往上海，把祁红生意做得风生水起，很快在屯溪茶市站住了脚。

屯溪老街

　　屯溪的市民都把这条巷子看作是祁红茶贸的大本营。于是，一传十、十传百，"祁红巷"的巷名就这样传播开来了。

获得巴拿马金奖的历口 "同和昌茶号"

祁门同和昌茶号茶票

清光绪十三年（1878），祁门西路历口彭龙徽商汪鸿昌和汪广英在彭
龙村的村口银杏树下的五猖神庙旁边正式挂牌创建了"同和昌茶号"茶

厂。当时，"同和昌茶号"茶厂主要以对半成品的祁门红茶深加工为主，而以门市零售业为辅。

汪鸿昌，生于清同治十年（1871），卒年不详。其当年制作的红茶以"贡贡"为商标，与贵溪的"黄山"和闪里的"白岳"齐名。祁红以此三个商标的茶叶到达上海后，上海的红茶市场方可开秤，其显赫已至于此！1915年巴拿马万国博览会，祁红获得多枚金奖，其中的一枚就是由"同和昌茶号"获得，此枚金奖奖牌曾长时间陈列在"同和昌茶号"的店堂里。

汪广英有一个兄弟叫汪惟英，在上海经商，财力十分雄厚。汪广英在其兄弟汪惟英的资助下，退出"同和昌茶号"，前往历口另开办"亿同昌"新茶号以及油榨等商铺。

历口河两岸当时通行仅靠集福桥，已四修四圮。斯时，历口红茶号已如雨后春笋，遍村开花，两岸交通严重不便，已成了经济发展的瓶颈。汪广英倡导捐银一百两，众茶号积极响应，百姓也踊跃捐资，历时三年于清光绪二十一年（1895）完成了第五次重建，新桥建成后改名"利济桥"，耗银13639两。当时正值鸦片战争过后，鸦片等西方流入的毒品肆意横行，不幸的是汪广英沾上了毒品，且无法自拔。后来为了吸毒的经费，变卖了茶号以及油榨的资产，"亿同昌茶号"随即破产倒闭。

历口街利济桥

祁门历口祁红标志

祁门红茶的自然品质以祁门的历口、闪里、平里一带最优。历口历史上素有祁门红茶创始地之称,清末祁门红茶创始人之一的余干臣来祁,最早开设茶厂,试制祁门红茶成功就在历口,名满天下的祁门红茶也由此发端,历口成了祁红重要产区。1915年2月,在美国西海岸的旧金山市举办"巴拿马太平洋万国博览会"上,祁门历口"同和昌茶号"茶厂选送的祁红茶叶也获得金奖,这年中国展品在这次万国博览会上获得各种大奖有74项。

巴拿马太平洋万国博览会茶金牌

　　茶叶自古就以其独有的文化特质而自成一道，千百年来深深根植于博大精深的中国文化之中。而祁门红茶向来又以"高香"著称，它与印度大吉岭红茶、斯里兰卡乌伐红茶并称世界三大高香红茶。历口"同和昌茶号"经营茶叶的历史距今正好是一百四十年。当年秉承的"自然天成，人茶合一"的制茶之道永载史册。

干茶：金毫显露，色泽乌润　　茶汤：滋味甜润、口感鲜醇

历口干茶及茶汤

　　只可惜"同和昌茶号"这个老字号在1997年被无锡一家茶叶包装公司所注册，主要经营铁观音、西湖龙井、太湖翠竹、无锡毫茶、礼品茶、商务茶、袋泡茶等。从此，"同和昌茶号"再也不是祁门茶企的"同和昌茶号"了。祁门茶企丢失了"同和昌茶号"这个祁红一百多年的老字号甚是可惜！我们也再次呼吁有关部门和企业保护好咱们祁门茶企的老字号，让祁红茶企老字号持久传承下去。

（胡永久　孙西杰　陈达峰　搜集整理）

梅城下横街的"九如茶庄"

现代祁门茶庄

新中国成立前，梅城下横街 29 号有一家茶庄，叫"九如茶庄"。"九"为阳数之最，"如"者是也，意为祁门城内最好的茶庄。"九如茶庄"老板叫吴炳之，是一个个子高高的老者，平时留有长白胡子，为人忠厚。店内有曲尺似的柜台，柜台上摆满了装着茶叶样品的玻璃瓶子。柜台外设有方

祁门红茶常用的陶瓷茶壶

桌椅、茶具，长年供往来客商品尝。店后靠墙地上两边挖有十几口火塘，用于烘烤茶叶。二楼上摆放拣茶叶拣板几十块，繁忙季节忙时有三十多人在此拣茶叶。茶季结束后，店后堆满了烘篓、竹面盘、拣茶板、板凳等。

民国后期，店中老板是吴炳之的儿子吴思益。他在经营中更加注重茶叶的质量，讲究信誉，生意一度做得名气很大，曾有英国茶商亲自来祁门到"九如茶庄"考察，在当时这山区小县能有外国商人来是件轰动和荣耀的事。

这位英国茶商在店中买了两箱茶叶，家中学徒谢志环与吴思益分两次将茶叶抬到"大新"旅社英国茶商住处，英国茶商还给了二人不少花花绿绿的外币做小费。

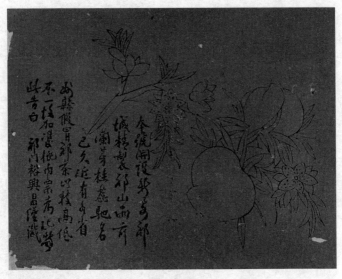

祁门九如茶庄专用茶票

    吴思益妻子姓许，系祁门北路许家坦人。新中国成立前北路一带活跃着新四军游击队。吴思益年纪轻，思想进步，曾多次为新四军帮忙。吴思益的妻子是位能干的妇女，来自农村，对制茶也十分内行，成了吴思益很好的帮手。店内长年请有学徒谢志环帮忙挑水打杂。到新中国成立初时，茶叶由国家统一管理，但该店中所制茶拣茶的工具、用具环境仍然保持老样子，直到"大跃进"时。

    "九如茶庄"店内的水缸十分特别，用六七块长短不同的大青石，采用几个三角形交错咬合而成，能盛水六七担之多。

（支品太　胡永久）

祁门西乡高塘与"怡和祥茶庄"老字号

祁门西乡高塘是一个古老村落，宋代属仙桂下乡高塘里，元代改里为都，属二十二都。高塘因村中荷塘坐落高处而得名，古称鸿村，今属新安乡。高塘东邻闪里叶家村，西靠江西浮梁西湖乡，南接勒公白茅港，北连新安村。现辖汪村、查源、余坑、江家坞等十个村民组。据《王氏家谱》载：高塘王氏属琅琊王氏之后，始祖乃大唐检校兵部尚书王璧长子王思聪，思聪唐授朝散大夫，居新安高塘查源；思聪生有敬璋、敬允二子。敬璋公曾官任赣州安远县知县，其十二代孙叔振公由查源迁至鸿村（今高塘），叔振公之弟叔善公迁车坦，叔良公迁许村，叔祥公则留居查源。相传叔振公是个木匠师傅，常往返于鸿村与江西做木工。一日叔振公回查源

祁门怡和祥茶庄茶票

已是暮色四合，途径毛竹丛生的鸿村时，见丛林灯火闪亮，他壮着胆子去找寻，可就是寻不到人家。叔振公便认为此乃天意，遂在竹林里搭建小茅庐一间，将全家从查源迁到鸿村，从此在这定居。鸿村自叔振公以来，四代单传，至十九世积庆公荣得四子邦本、邦宁、邦成、邦理，从此枝繁叶茂，瓜瓞绵延，兰桂齐芳。积庆公生于明万历年间（1573—1619），他以积善而闻名乡里，据说家中四子九孙二十三曾孙五十一玄孙，五世共聚一堂，百口同炊，传为佳话。

清末至民国初年，高塘沿街有商埠40余家、茶庄13座。如今渡口不复存在，但遗迹尚存。13家茶号，名称和业主分别是王太春开的公正茶号、王兴帮开的成新祥茶号、王炳盛开的怡和祥茶号、王克成开的裕成茶号、王贵哺开的同仁豫茶号、王佩绅开的裕馨茶号、王凤如开的公馨茶号、王肇球开的裕春祥茶号、王逊儒开的同仁和茶号等13座。这些茶号开在江家河沿岸，从下至上依次排列，9家茶号一直开到抗日战争开始。抗战爆发祁门红茶销路不畅，茶号纷纷关张，茶乡民不聊生，祁红茶

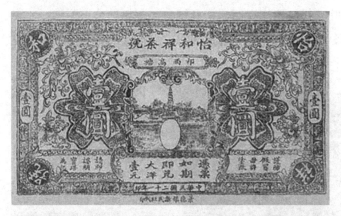

怡和祥茶号代金券正反两面

叶生产经历了一次重创。抗日战争胜利后，祁门红茶开始复兴，但高塘茶号的元气大挫，9 家茶号合并为公裕和制茶公司。

　　"怡和祥茶庄"当时是这九家茶号中经营得鼎盛中的一家，早在 1932 年，"怡和茶号"就印制了两种代用纸币。面值分别为壹元和伍元。壹元券，正面白底，褐饰，褐字。上为茶号名称"怡和祥茶号"，接着是地址"祁西高塘"，中为"宝塔风景图"。下为年代"中华民国二十二年"，下面中间为"凭票如期即兑大洋壹元"字样。两旁分别写"认票不认人"和"不准挂失票"。"宝塔风景图"两旁印有"壹元"字样，券的四个角分别写"怡、和、祥、号"四个字。

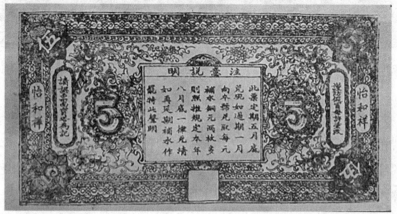

怡和祥茶号伍元代金券

　　伍元券正面除"壹"换作"伍"及伍元卷纸张略大些、正面黄底、红饰、黑字外，其他大致相同。更为值得称赞的是注意说明："此票定期五月底兑现，如过期一月向本号兑取，每元补水铜圆两枚，多则照推规定；本年八月底一律兑清，如再延期，补水作罢，特此声明。"可见是为了茶叶旺季收购茶叶时资金不足，作为调剂资金之用。茶号当时能自行发行茶叶销售代金纸券，也足可见其兴盛的程度。

怡和祥茶票

　　尤为可喜的是后人王中海，于2009年在祁门西乡高塘村36号开设了私营祁门县新安"怡和祥茶庄"茶厂，继续传承"怡和祥茶庄"百年老字号的经典，经营祁门红茶、红毛峰、红香螺、红松针，并兼营黄山毛峰，生意红红火火。也将承载着百年老字号"怡和祥茶庄"的不朽传奇。

（胡永久　曹爱红　彭江祁　搜集整理）

祁门茶业商会会长廖伯常

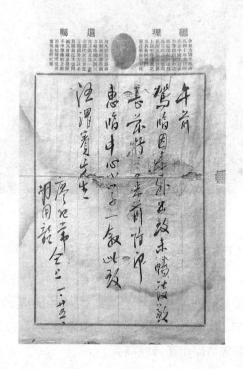

廖伯常，字润红，又名鸿儒，祁门石门桥上廖村人，1892 年生于城内许家大屋，先在本县读完初小、高小，后考入安徽省安庆师范学校读书。毕业后回祁门，先在崇善坊女子学校教书，曾任校长。后考入城内公立小学青云桥任教，不久当选该校校长。

　　1926 年，廖伯常得到坑下绅士胡文波的帮助，到祁门小路口村开设
"常信祥"红茶号，在石门桥开设"常住祥"红茶号，又在闪里开设"永
昌"祁红茶号。他从江西婺源请来二三十名制茶工人，在当地收购生叶制
作红茶。又到休宁请来女拣茶工人百余名来拣茶。当时红茶基本是运送到
广州、九江、上海等口岸卖予西欧商人。

　　为了便于长途运输，他将制好的红茶用特制的锡纸大四方包装上，折
好封口袋子，使其不漏气；而后放入枫树茶箱，盖上箱板，用箕钉钉牢；
再贴上商业包装纸，用毛笔填写茶叶名称、级别、重量、运出地点、所到
码头，使人一目了然。箱外全刷上桐油防水，1935 年皖赣两省公路通车
前，茶叶大都从祁门城码头装上船簰，到溶口过驳上大型船只水运到鄱

阳，再过鄱阳湖口到各码头。少量的茶叶箱经人工挑到渔亭，上渔船经新安江水运到上海。皖赣公路通车后，有以木炭为动力的货车到小路口、石门桥装货，直接运输到上海。

祁门旧时茶号众多，最多时全县有近三百家，而自持有资本者极少，合伙者聚散无常。每逢春节过后合伙入股者缺少资金，便向大绅士洪盈良贷款作为启动资金。当时洪盈良常驻上海，祁门人称其"洪百万"。在祁门贷款，全由其第四子洪季陶经手管事。各茶号贷款少不了担保人，廖伯常在每年春为各茶号做担保人达二三十家之众。

1930年时，祁门两百多家茶号、茶商为了便于交往联络成立了祁门茶叶公会，推选廖伯常为茶叶商会会长，为大家服务。不久，安徽省中国茶叶公司派人来筹建祁门分公司，廖伯常担任与四乡茶商联络工作，并继续为各茶商、茶号向中茶公司贷款做担保人。他利用外来资金，为发展祁门茶叶生产起了一定的作用。

经过十几年的茶叶生意经营，廖伯常有了一定的积蓄，便托人买下右横街冯姓宅基地，花了两万多块银圆，历时两年多建起了自己的住宅。新宅内有厨房、水井、晒场、后院，房前花圃，一应俱全。当新居建成时，正逢春节，廖伯常还邀请了祁门天主教牧师西班牙人白神父来新宅共庆新春佳节。

1943年秋，川军第五十军有一团部驻守在城内下英殿，有军官以廖伯常吸食鸦片为由，将其捉去严刑拷打，逼他缴纳赎金。后其家人托祁门商会会长郑文元（郑曾受聘为五十军参议）作保，廖伯常才得放回家中。被拷打的创伤前后看了好几个月时间才痊愈。

有资料表明，抗战胜利后的三十六年（1947年），廖伯常在石门桥的"常住祥"一处红茶号每年能生产红茶百余箱，得资金722万元（旧币）。另外他还在小路口开设（保和祥）与（常信祥）两家茶号。

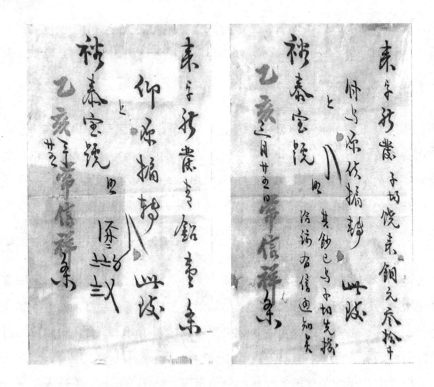

　　富裕后的廖伯常也常关心地方公益事业。原洪家弄东边冯家老屋的骑墙水井多年未清污，群众饮水困难，在他和洪季陶等人的倡导下，大家积极筹集资金，清理水井、疏通水沟、翻修路面。后邻里将此次乐输募捐人名、金额刻石嵌于水井坊门之上。其中廖伯常、洪季陶二人各捐银圆拾元整，为最多者。此为民国三十二年（1943）间的事。此块石碑刻现还嵌在冯家井台坊门的上方。

　　同年，祁门县参议会成立，全县十二乡镇、工、农、商、教育五个民众团体各选一人，廖伯常当选为祁山镇参议员和县参议。

　　抗战胜利，原川军第五十军开拔后，遗留下伤兵罗显仕，廖伯常将他收留在家中打工，使罗显仕一家生活有了着落。

　　1949 年 4 月 26 日傍晚，祁门解放。突破长江天险后翻越大洪岭的解放大军，源源不断地涌进祁门城。除先头部队二野三兵团十一军曾绍山部，还有二野张国华的十八军等十几万人马，陆续行军半个多月，这对山多粮少的县城压力太大。

当时的祁门县人民民主政府在塘坑头村成立不久也迁入祁门县城,时任县长的马文杰(郁达仁)、财粮委员向明和姚正等工作同志都鼓励廖伯常用他在地方上的影响力,为解放大军做好钱粮物资的筹备工作。廖伯常与涂如友、王道生、方在三、许里予、周建庭、王大安等人为过境大军筹粮筹款。廖伯常还将自己养的一头猪也卖给了解放大军。那段时间,廖伯常的住宅灯火彻夜通明,人来人往,整日忙于筹粮筹款,组织民工到雷湖等地抬运伤病员进城医治,派人到江西鄱阳、乐平等地收购稻谷、大豆运回祁门,支援解放大军和保障市场物资供应。

廖伯常娶妻叶氏,生有二女二子。大女儿廖赛珍在屯溪隆阜女子中学毕业后,随夫到杭州工作。二女儿廖奇珍在屯溪居住。长子廖树宝、次子廖树林于 1950 年考取教师资质,兄弟俩终身以教育为业。

参考文献:《徽州文化研究》第三辑毛新红《祁门徽商老字号名录》。

(支品太)

祁门历口茶商许锡三

许锡三，生于清同治年间，卒于民国二十七年（1938），享年六十多岁，清末文武秀才。

许锡三祖宅内

　　许锡三在历口街开隆茂昌茶号，烘房 100 个烘罩，每年请婺源大师傅掌制。既做红茶，又兼做安茶，每年卖往上海的红茶 500—1000 箱，每箱 100 斤，计 5000—10000 斤。安茶以竹篓包装，运往广州，远销东南亚。

许锡三体魄强健,武功高强,尝与五人练功,坐于太师椅上,两人摁住两臂,两人摁住双腿,另一人在其背后拉住长辫。他低头用暗力将身后拉辫的人甩到身前面对站立,还诙谐地说:"叫你站好,你怎么没站好啊!"众人大笑,无不佩服他的功夫。

历口历济古桥

当年发大洪水时,他见上游有大树推下挡在大桥墩边,众学子正在岸上议论:"将这根大树拖上岸该卖多少钱啊!"他听说后笑笑说道:"你们看我的!"说毕,纵身跃入洪浪,一个猛子不见了身影。良久,只见他在桥墩附近钻出了水面,拖起大树就往下游岸边游去。众学子从岸上向下游奔去。他上岸对众学子说道:"你们合力拖去换钱买文具做功课吧!"

一次发水,为不误客户,他跳上竹筏就顺浪前往九江送验茶样。时正下雨,他头顶箬笠,立筏而下,茶样夹在胁下,人到九江,茶样竟丝毫未湿。

许锡三为人仗义,独力维修许氏宗祠,铺许村石板路,口碑卓著。他

历口许氏宗祠

将祠堂后寝加建 16 根柱，升高一进，显得更为气派。他中年得女，爱如男子，在家招亲，以为继承。族人感其对祠建贡献巨大，族会议决，特许其在家承祧的爱女百年之后，牌位可入宗祠。这在封建社会是无上的光荣。

民国二十三年（1934）大旱，田地龟裂，颗粒无收。他在江西购买大米，宗家见人头分赠 15 斤以救急难；又在上海购买 800 包面粉，大轮运入鄱阳湖，又以木船驳至倒湖，换竹筏以人力拖到历口分发族人。

许锡三祖宅外

许锡三，平日最讲公平，社会发生纠纷，拜求评理，公一言九鼎，无人不服。在街上凡遇游手好闲之青年，即予教育，令其必须上山下田做事，寻求家庭生机，不许荒废光阴。

（徐海啸　汪文锋）

婺源人在祁门开设的祥和茶庄

金介堂四十岁照片

金介堂（1875—1931），号芸樵，婺源延村人。清末随父上海经商，就读于圣约翰书院，习英文，曾旋捐纳同知衔。

金氏一族数代以茶商巨贾闻名，其父与伯父在杭州创办"隆泰昌"茶栈，其侄金辅仁创办"鼎盛隆"茶号，皆得到英、俄各国洋行推崇，争先订购，驰名中外，前后称雄商界100多年。

　　创办于清光绪五年的圣约翰书院，光绪三十一年成为圣约翰大学，1952年撤销，其中的院系并入复旦、同济、华东政法等上海多所高校

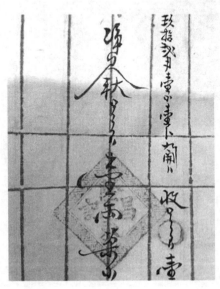

隆泰昌印

　　金介堂在圣约翰书院毕业后继承父业，改"隆泰昌"为"新隆泰"茶栈，并在汉口、上海、九江、杭州、屯溪等地开设分栈，主要经营婺源绿茶、祁门红茶、宁州红茶，并先后创办了婺源春馨茶庄、祁门祥和茶庄、宁州裕生隆茶庄、铅山河口镇时利和茶庄。

　　光绪三十三年（1907），上海商务总会以当时我国茶业的海外市场受锡兰、印度、日本等国茶业冲击，推荐金介堂亲赴安徽各地以及江西和湖北等产茶大省实地考察茶叶种植、茶焙制情形，以期振兴茶业等有关事宜。第二年金介堂以"培植改良茶业"为己任，集股本银五十万余两创办上海裕生华茶公司，并在各省产茶地方租买地亩，栽种优良品种茶树，用农艺新法以谋种植培育之改良，同时奖励园户收购青叶，用新的制茶机器以补天时人工之不足，制成之茶叶畅销国内外。

民国《上海县志》所载 1915 年巴拿马万国博览会婺源绿茶获头等奖名单

民国四年（1915），当时的农商部指定洪其相、金介堂二位婺源茶商代表中国参加游美实业报聘团赴美国调查茶业，后由于其他事牵绊，未能成行。同年，金介堂又以上海裕生华茶公司出品麻珠茶、宝珠茶，并和其侄金辅仁"鼎盛隆"茶号出品的婺源绿茶均荣获巴拿马万国博览会头等奖（金奖）。

延村金辅仁创办的鼎盛隆茶号广告

金介堂先生终其一生，尽瘁于中国茶业事业，深得同业同仁之信赖，先后公举为上海茶业会馆经董、上海商务总会议董。著有《中国实业要论》《适可斋笔记》《介堂诗存》等，可以说是辉煌的一生。

（王剑辉　胡永久）

祁门采茶扑蝶舞

采茶扑蝶舞，原名扑蝶灯，是流传在祁门西乡彭龙村的一种民间舞蹈。舞曲表现的是一群采茶姑娘在采茶时被身边的彩蝶所吸引，因而丢下茶篮去扑捉彩蝶的情节。最初在元宵节闹花灯时表演，由四个姑娘一手拿着花蝴蝶，一手拿着圆纸扇，做拍蝶状，且歌且舞，俏丽活泼。乡土的唱腔声调配合特色音乐旋律，既新奇多彩，又自然和谐，充分表现了人们热爱劳动生活和节日喜悦的心情。

采茶扑蝶舞

唱词为一年里十个月的花名和农事，意在欢庆新春佳节的同时，安排好一年的农事，具有浓郁的乡土气息，表现了人们热爱生活、热爱劳动的喜悦心情。后经过祁门县文化部门整理编排，1955年5月参加安徽省工农青年业余文艺会演，获得节目奖和演出奖。1956年元月，省《会演通讯》第5期予以介绍和推荐。同年12月，安徽省人民出版社出版《扑蝶舞》单行本。祁门采茶扑蝶舞为安徽省非物质文化遗产。

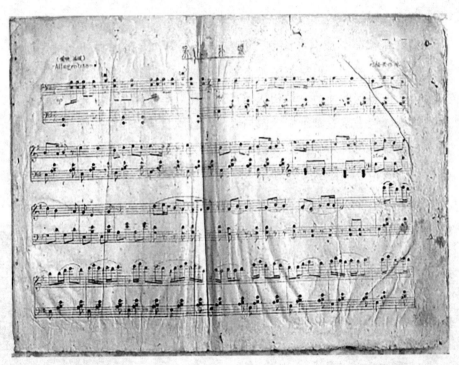

《采茶扑蝶舞》五线谱

《扑蝶舞》旋律优美流畅，欢快自然，多次被音乐创作者所借鉴，被称为"皖南旋律"。近年来，渚口村业余剧团多次演出该舞蹈，传唱不绝。

千教万教教人求真
千学万学学做真人

培养新的采茶扑蝶舞接班人

　　每年春季茶忙后，渚口小学还组织同学们学习非遗文化艺术《采茶扑蝶舞》。宣传家乡的非遗文化艺术，当她们欣喜地换上舞蹈服，跟随着家乡方言小调《扑蝶歌》跳起来时，充分展现出了非遗《采茶扑蝶舞》艺术的魅力。

第四篇

祁红茶论

祁红要提高品质销售宣传的理念
（以上海汪裕泰卢仝牌为例）

卢仝牌祁门红茶

  当前祁红处在高品质生产的旺季，同时也要提倡高品质销售宣传的理念。新中国成立前上海滩的汪裕泰茶行（卢仝牌祁门红茶）就是品质销售宣传的典范。

上海汪裕泰茶庄，始创于清咸丰年间，其创始人为著名徽商汪立政，徽州绩溪上庄余村人。到了民国年间，已发展成为上海滩第一大茶庄。1928 年，买卖传到了其子汪振寰手中。这位少东家曾到日本留学，眼界心胸更为开阔。接手后不久，汪振寰发现店里红茶的销售额一直做不上去，这事儿让他心里挺别扭。原来在中国的各大茶类中，红茶出现较晚，且在内销市场一直表现平平。旧时北京城的茶庄虽也都在招幌上写出"红绿花茶 一应俱全"的字样，但是充其量只是句客气话而已。绿茶与香片才是内销市场的主力，至于红茶销量其实很低。

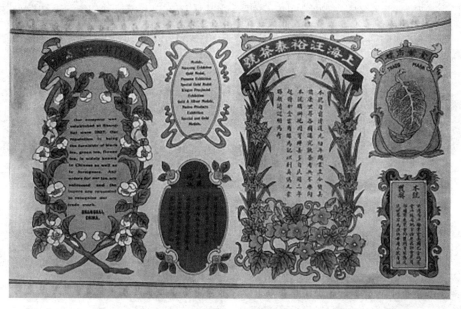

上海汪裕泰茶号茶票

汪振寰想起了自己在海外求学时，遇到的西方人都很喜欢红茶。于是他盘算，既然红茶在国内市场推不动，那可以去海外市场走一波。上海作为最早的通商口岸之一，在茶叶外贸上有得天独厚的优势。上海红茶出口，在 1864 年至 1887 年的这二十三年里，一直居于各类茶的首位。据上海茶叶进出口公司编写的《上海茶叶对外贸易》中记载，1864 年上海出

口茶叶 29.42 吨，其中红茶为 19.22 吨，占茶叶出口总量 65.4%。主销英国，占 97.2%，其他依次为中国香港、美国、加拿大、澳大利亚、菲律宾、日本等国家和地区。1872 年，上海茶叶出口已增到 41.03 吨，其中红茶 25.70 吨，占 62.6%。主销英国，占红茶出口量的 94.6%，其余依次为美国、俄国、中国香港、印度、日本、埃及、法国和南美等国家和地区。那时候甭说中国人不喜欢喝红茶，就是爱喝也没得喝。

可当汪振寰准备下场卖红茶时，他突然发现红茶生意没那么好做了。因为中国红茶出现了两个强劲的对手——印度和锡兰。早在 1839 年，也就是鸦片战争的前一年，印度和锡兰就开始了红茶的海外征途。最初这些国家与中国的实力悬殊，但是不久之后，局面发生了变化。印、锡红茶在英属东印度公司的大力扶植下，讲究科学栽培、机械制茶，提高品质，并可免税自由出口，发展极其迅速。当时的上海茶叶出口，清政府不仅不加扶植，反而征收各种名目赋税，其总和相加占生产成本的 36% 至 50%，生产之外的成本陡然上升，极大阻碍了中国茶叶在海外市场的竞争力。中国红茶终被反超。到了汪裕泰想做红茶生意的民国年间，中国红茶已基本被排挤出欧美市场了。

但经过观察之后，汪振寰发现中国红茶也不是一点机会都没有。印度与锡兰主要产的是红碎，他们的红碎茶工业化程度很高，成本低而稳定性高，中国茶拼不过。中国的工夫红茶却具有相当的竞争力。所谓工夫红茶，就是因加工精细颇费工夫而得名，属中高档红茶。外国的红碎茶靠价格低取胜，我们的工夫红茶就靠质量高赢人。大宗市场丢了，但高端市场上，中国红茶却可以扳回一局。

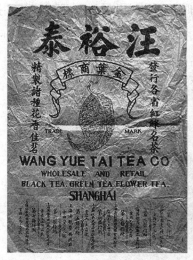

汪裕泰茶业商标与卢仝牌茶叶桶

　　1934年，汪裕泰开始正式经营外销红茶。当时的拳头产品就是大名鼎鼎的祁门红茶。既然是走高端产品线，那就不能是原材料出口，而需打造自主品牌。卢仝牌祁门红茶由此应运而生。以茶仙"卢仝"为商标，意在彰显中国茶深厚的文化底蕴。喝一杯中国茶，不仅享受了香甜的口感，更品尝了文化的滋味。这种独一无二的文化感，是印度与锡兰红茶永远无法填补的短板。

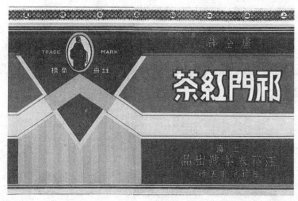

卢仝牌祁门红茶包装盒

人世间茶圣、茶仙齐名并举。旧时茶叶店常以"陆卢遗风"四字作匾。"陆"是茶圣陆羽,"卢"是茶仙卢仝。民国上海汪裕泰老茶庄应用"卢仝"的品牌,尝试借助茶仙卢仝名声将祁门红茶行销海外,因而"卢仝"成了中国茶文化的最佳注脚。汪裕泰茶号"卢仝牌"祁门红茶远销海外。

汪裕泰祁门红茶的广告介绍

再看看汪裕泰卢仝牌祁红铁皮桶广告介绍:"此茶产于安徽祁门境内有名诸山,茶色深红,茶味特长,茶香浓郁,茶质坚厚,所以世界各国讲究饮茶者皆喜饮之。"

口之於味有同嗜焉故善飲茶者莫不交口推許盧仝牌紅茶良以此茶為我國祁門名產加工揀選色香味均臻上乘當夫月夕風晨花前酒畔試以盧仝牌紅茶飲之頓覺香芬四溢煩慮俱消舉杯欣然樂不可支誠不可一日無此君也

盧仝牌門紅茶

上海汪裕泰茶號出品

卢仝牌祁门红茶的广告介绍

汪裕泰卢仝牌祁红品味广告纸还宣传介绍："口之于味有同嗜焉,故善饮茶者,莫不交口推许卢仝牌红茶,良以此茶为我国祁门名产,加工拣选,色香味均臻上乘。当夫月夕风晨,花前酒畔,试以卢仝红茶饮之,顿觉香芬四溢,烦虑俱消,举杯欣然,乐不可支,诚不可一日无此君也!"

卢仝牌祁红广告

　　今天我们在祁红复兴之路上，来自祁门好山好水间的佳茗必将征服越来越多国内外茶客的味蕾。我想，祁门红茶的魅力，一半来自鲜美香甜的茶汤，另一半则是来自背后独特的文化底蕴。虽然时间过去了近百年，但像卢仝牌祁门红茶那样将中国传统文化融入产品的做法，也还值得如今的祁门茶行业学习与借鉴吧！

（胡永久　　杨多杰　　倪群）

抗日战争前祁门红茶的收购与运销

抗战前祁门红茶的收购与运销场面

　　抗战前，祁门红茶已风靡世界。祁门商人收购茶叶资金来源主要靠上海茶栈贷款，茶栈的资金又以六到七厘的月息向上海银行或钱庄借贷。祁门茶商得到茶栈款（银票）约有三个月，月息一分五厘（1.5%）银票。卖给当地到上海进货的大商号（一般是大布店），每一千两规元银（注）可买一千三百三十元至一千三百四十元。由于茶栈从中可以获取巨利，因此，趋之若鹜，当时祁门有茶号一百多家。茶商收购红茶均为湿坯，经过烘干制成箱出口。在祁红鼎盛时期，最高产量精茶达到十万箱（每箱65市斤）。

上海经销祁红的英商"怡和洋行"

　　红茶精制成箱后，用小船由阊江经倒湖、景德镇运至波阳后换大船到九江，上海茶栈早已派人在九江包好旅社，代办一切转运上海事宜。（1939年因上海伦陷，改由株州运广州经香港出口）。货到上海，由茶栈与洋行联系销售，当时经销祁红的有英商"怡和洋行"和法商"锦隆洋行"。

上海怡和洋行行标

茶叶出售前，由买主外商洋行和卖主茶栈互派代表将各茶商的茶叶抽样一小听，编好号码，开汤评议。每个样品称取五钱，放入杯中开水冲泡。加盖后五分钟开盖。这个五分钟是这么计算的，办法是：用下大口小的玻璃杯装入一定数量的细砂，在茶叶冲水后，即把装砂的玻璃杯倒置，待砂由小口漏完即为五分钟。而后由买主、卖主双方代表（也可以说是专家）就色、香、味三方面进行检查评分，各自记入卡片，逐项评议，按色、香、味评出总分，经过一番讨价还价后将价格通知卖主。如卖主愿卖就成交，不愿卖就观望一个时期，待机高价出售。祁门红茶以香气特殊、汤香红艳，味道醇厚而闻名。最高价格曾达到三百六十两银子一担。

繁忙的祁门红茶运输市场

红茶成交后，茶栈要收取佣金百分之一到百分之二，加上利息差额收入，可以从中获取巨利。所以祁门茶商到上海，每天三荤三素招待伙食，不收食宿费用。

上海还有一家专营内销红茶的。据记载,清道光十九年(1839),祖籍徽州绩溪、年仅十二岁的汪立政走出家门,随族人赴开发不久的上海滩从艺学商。咸丰元年(1851)始做茶叶小本生意,其后经祖孙三代120年的努力,先后在上海、杭州、苏州等地创办茶庄、茶行、茶栈20余爿,其中上海的汪裕泰茶庄最为著名。汪裕泰茶庄在上海共有七家分号,其中第三茶号为汪立政的儿子汪惕予于1869年所创。"汪裕泰茶庄"资本雄厚,每年都来历口向"汪仲依茶号"贷款,要多少给多少。"汪仲依茶号"红茶是"黄山""白岳"两个商标。他的茶叶到上海,"汪裕泰茶庄"按外商出的最高价加五两银子向他收购。

祁门茶商评茶人员以"洪源永茶号"老板洪味三评茶经验最为丰富,人称他"老前辈",中外茶商都佩服他。

洪书文,字味三,洪炯曾孙,以左腕作书,颜筋柳骨,清劲挺拔。清光绪二十七年(1901),在上海东唐家弄(今天潼路)怡如里10号开设上海第一家红茶茶栈——洪源永茶栈。

祁山恒德昌茶庄茶标

祁门商标原为"赤山乌龙"（出口名牌），后来江西浮梁也用这个商标，祁商同他们打官司输了，原因是浮梁也有个赤山。因此，就改为祁门红茶。

（备注：规元银，又称九八规元。当时上海通用的元宝银。是上海银楼将外地来银改铸的，其成色较高，经过估局批加升水，以九八除之，即为上海通用的九八规元，作为统一的记账单位。因海关进出口商品都用银两，银两与银圆同时并存，因此出现银两与银圆的折算问题，以规元银为标准与银圆换算，其折算市价有涨有落，称为"洋里"。这种现象从清末到民国一直延续很久。）

（曹自强　胡永久）

茶与中医药

祁红茶汤

　　茶为中药。苏轼曾言:"何须魏帝一丸药,且尽卢仝大碗茶。"历史上也相传,神农尝遍百草,日遇七十二毒,得茶而解之。

　　在古代,茶即为药,并被多种医书所载录。在《神农本草经》中就有记载"神农尝遍百草,日遇七十二毒,得茶而解之"。可见,茶最开始应该是作为药用的。在饮茶习俗刚刚形成的魏晋南北朝时期，制茶技术却不简陋、幼稚，反映了当时的制茶技术在茶叶成为嗜好饮料之前已经有了充分的发展，这一发展是在药用领域里完成的。从茶叶成为嗜好饮品开始，在保持茶叶生物特征的前提下，把茶加工得更加美味可口成了这一时期制茶技术发展最受瞩目的目标。茶在嗜好饮品的世界里另辟蹊径，尽管在概念上与药物分道扬镳了，但是在技术上却没有发生根本的变化。

茶的中医功效

自汉代以来，很多历史古籍和古医书都记载了不少关于茶叶的药用价值和饮茶的健身的论述。据不完全统计，我国有 16 种古医书记载茶保健作用的有 20 项，219 种药效，如提神明目、止渴治痢、去腻醒酒等。《神

祁红茶园

祁门红茶的干茶与茶汤

农本草经》:"茶味苦,饮之使人益四、少卧、轻身、明目。"《神农食经》
中说:"茶茗久服,令人有力悦志。"《广雅》称:"荆巴间采茶作饼其饮醒
酒,令人不眠。"陆羽《茶经》中说:"茶之为用,味至寒,为饮最宜,精
行俭德之人,若热渴凝闷、脑疼目涩、四肢烦、百节不舒、聊四五啜,与
醍醐甘露抗衡也。"《新修本草·木部》中说:"茗,苦茶,味甘苦,微寒无
毒,主瘘疮,利小便,去痰热渴,令人少睡,春采之。苦茶,主下气,小
宿食。"又称:"下气消食,作饮,加茱萸、葱、姜良。"南宋时虞载《古
今合璧事项外集》中记载"茶有理头痛、饮消食、令不眠"之功效。李时
珍《本草纲目》:"茶苦而寒,最能降火又兼解酒食之毒,使人神思阎爽,
不昏不睡,此茶之功也。"

茶与中医五行学说

古代中医五行学说认为宇宙间各种物质都可以按照中医五行的属性
来归类,如果将自然界的各种事物、现象、性质及作用,与中医五行的
特性相类比,可以将其分别归属于中医五行之中。《茶经》开篇第一句就
说茶是我国"南方"的"嘉木",理所当然,茶首先属木。陆羽并将"五
行"纳入"煎茶"的茶道中,他认为金木水火土相结合才能煮出好茶。煎

茶用的风炉，属金；炉立于图纸上，属土；炉中沸水，属水；炉下木炭，属木；用碳生火，属火。这种中医五行相生相克，阴阳调和，从而达到茶"祛百疾"的养生目的。现代制茶工艺中，采摘下的茶青（属木），经炙热铁锅（属金）"杀青"，揉捻后慢火（属火）烘焙成干茶。"金"克"木"，又被"火"克，性质大变，从而制成成品茶。冲泡茶叶所需的沸水（属水）、茶具（属土）也属中医五行之列。中医认为一个人的五行平衡停匀，生克得当，即可强身体健、命运亨通。茶叶经过反复生克，攻伐、合化、博取，兼容了阴阳五行的精华灵气，这正是茶叶诸多养生功效的根源所在。

中医"茶疗"的发展史

唐代陈藏器在《本草拾遗》中言"茶为百病之药"。苏敬等撰写《新修本草》将茶列于木部中品，其味甘、苦，性微寒、无毒，其功效有下气，去痰、热、渴，令人少睡，消宿食，利小便，治瘘疮等。后世医家均秉承其理论，不断开拓出茶的药用功效来。陆羽则集合前人有关茶的文献之大成，编写出《茶经》一书。此书不仅内容丰富能承前启后，而且奠定了茶在整个中华历史中的重要地位，使人们在对茶叶有药效认识的同时，也认识到茶已成为中华文化基因的一部分。斐汶《茶述》云："其性精清，其味浩洁，其用涤烦，其功致和。参百品而不混，越众饮而独高"，及卢全的"七碗茶""一碗喉吻润，两碗破孤闷。三碗搜枯肠，唯有文字五千卷。四碗发轻汗，平生不平事，尽向毛孔散。五碗吃不得，唯觉两腋习习清风生……"则将茶的功效上升至抽象的精神感悟，对于茶的养生意义做出了积极的肯定。

更多文人骚客讴歌茶的贡献，如唐代诗人李白的"根柯洒芳津，采服润肌骨"，颜真卿的"流华净肌骨，疏瀹涤心源"，吕岩的"增渌清气入肌肤"，说明茶有去油润泽、洁净肌骨之效；又如曹邺云"六腑睡神去，数朝诗思清"，齐己诗"味出诗魔乱，香搜睡思清"，说明茶能凝神除眠，使人才思敏捷；诗僧皎然的《饮茶歌》不仅说明茶能排遣孤闷、明心见性，更是让人脱胎换骨、羽化成仙之品。至宋代茶业飞速发展，中医茶疗的使用方法和运用范围逐渐扩大，如《太平惠民和剂局方》即列有药茶专篇。其中的槐芽茶方、上萝叶茶方、皂荚芽茶方、石楠芽茶方中不再专注于茶的本草药效研究，而是将重点转向了茶的制作工艺及服饮方法在方剂中的运用，这使得中医茶疗在发展上迈出了新的一步。与此同时，随着唐宋时期社会文明高度发达、各种思维交会融合，以儒释道三家与茶相结合所产生的茶道文化应运而生，茶道文化在形成、发展过程中，又与中医调神养生的理论和实践构成良性互动，经过岁月沉淀后，确立了以茶为中心的茶道养生方法。

至明清时期，李时珍在《本草纲目》中对茶进行了系统性总结，指出"茶苦而寒，阴中之阴，沉也，降也，最能降火。火为百病，火降则上清矣。然火有五，火有虚实。若少壮胃健之人，心肺脾胃之火多盛，故与茶相宜。温饮则火因寒气而下降，热饮则茶借火气而升散，又兼解酒食之毒，使人神思爽，不昏不睡，此茶之功也……"在其文中附含茶药方十六则，不含茶的"代茶饮"十则，都一一详加考证记载。在这之后不但有大量行之有效的茶疗方剂问世并且被推广开来，而且临床医家更为注重制艺服饮在临床上的运用。如：茶疗剂型由原先汤剂、丸剂，发展为汤剂、丸剂、散剂、冲剂、代茶饮等多种；应用方法发展成饮服、调服、和服、顿服、嚼服、含漱、滴入、调敷、贴敷，擦、涂、熏等。在《慈禧光绪医方选议》中更有大量的实例记载，可见当时中医茶疗盛行于世。茶人墨客在著述中谈论养生茶疗者颇多，最具代表性的为《遵生八笺》中"茶泉类"专论一章，集中谈论识茶、采茶、泡茶等茶事活动中能带给人们的一种亲近自然的养生状态。《寿世青编》中所述的"十二时无病法"更是强调了茶在养生保健中的重要地位。这种以养生为主的中医茶疗侧重文化的表达，贴近日常生活，自然融入社会当中。

中医茶疗的创新史

20 世纪后期以来，由于西方文化思想全面引入中国，中华传统文化相应遭受强烈冲击，中医也经历了一个由中西汇通渐变到中西结合的理念更新过程。中医茶疗在这种背景之下，步入一个全新的开拓创新时期。在药理及生化等新型科学实验方法的积极推动下，人们对茶叶的药用有效成分及其功效有了更为深入的了解。研究出茶叶中含有的 450 多种化学成分，其中又以茶多酚、生物碱、茶多糖、茶色素、维生素、氨基酸、矿物质元素等为主要成分。这种全新的视角给中医茶疗带来了新的治疗方式，随着中药炼制技术的不断进步，将有效组分制成胶囊的保健品已成为时下的流行商品。人们更是设计出袋泡茶、速溶茶、浓缩茶及罐装茶等更为简便的饮茶方式，使得人们越来越乐于接受这种创新型的中医茶疗。

来源：本文摘自中国普洱茶网、《中医药导报》2010 年第 16 卷第 2 期等。作者：吴玉冰。

从中医角度看祁门红茶的药用价值

十二届中国茶业经济年会暨 2016 黄山茶会会场

正值第十二届中国茶叶经济年会暨 2016 黄山茶会召开之际,祁门县获得了"中国十大最美茶乡"称号。这次黄山茶会,文茶旅及养生保健之风日盛,祁门红茶独领风骚!

祁门红茶作为世界三大名茶之一,其汤色红艳透亮,味略带有兰花香,也称"祁门香";是一种典型的全发酵茶,发酵程度达 100%,所以不含叶绿素和维他命 C,咖啡因和茶碱也比其他茶叶少,是所有茶叶中刺激

祁红普螺

性最低的一种，也很适合中医药用。

正因为祁门红茶是全发酵茶，从中医学的角度上说，其性温，擅温中驱寒，能起到化痰、消食、开胃的作用，对那些脾胃虚弱的人来说，最适宜饮用祁门红茶。虽然祁门红茶的百分类成分与绿茶相比有较大的区别，但祁门红茶具有抗氧化、降血脂、抑制动脉硬化、杀菌消炎、增强毛细血管功能等功效。

祁红有关著作

祁门红茶在中医层面上看大约有20种功效：令人少寝、安神除烦、明目、益思、下气、消食、醒酒、去腻减肥、止渴生津、去痰、治痢、疗疮、利水、通便、祛风解表、益气力、坚齿、疗饥等。经过长期的临床实践，已逐步积累了许多对人体健康有益的中医茶疗药方，其中最著名的莫过于午时茶方。这种午时茶曾流行于南方地区，它原先是汉族端午节的节日饮料，因在端午节正午服用而得名，它和英国人喝的午时茶完全不是一码事，切勿误会。原杭州徽商胡庆余堂就有一剂著名药方——"万应午时茶"。

现在皖南地区还广泛应用，由红茶（祁门红茶）、苍术、藿香苏打、建曲、麦芽等制成，具有发散风寒、化湿消滞的功能，可用来防疗风寒感冒、食积吐泻、腹痛泄泻等症。

具体制作方法。取祁门红茶 1000 克，苍术、柴胡、山楂、连翘、神曲、防风、羌活、陈皮、藿香、白芷、枳实、山药、甘草各 30 克，厚朴、

祁红茶园

桔梗、麦芽、紫苏叶各 45 克，生姜 250 克，面粉 325 克，生姜捣汁后掺入其余药物研末中，加面粉拌浆制成小块，每块干重 15 克，日服三次，每次 1—2 块，用开水冲服。

还有已故安徽名老中医查少龙先生喜用祁门产的茶树根来治疗冠心病。其功效：宁心安神、利尿消肿，适用冠心病引起的心悸、气短、浮肿等。用法：十年以上老茶树根（愈老愈好）30—60 克，洗净，切片，加水和适量米酒，置砂锅内文火煎，取汁于睡前一次服用，每日一剂。

陈年祁门红茶性凉，具有清热解毒，疗疮作用，徽州民间常用祁门红茶陈茶煎水，清洗伤口，并外用于烫伤，也具有很好的疗效。

祁门红茶的保健功能

祁门红茶不仅是大众饮品之一,而且还有多项药理作用。祁门红茶的
保健功效也颇多,比如提神消疲、生津清热、利尿等作用。

1. 利尿

在祁门红茶中的咖啡碱和芳香物质联合作用下,增加肾脏的血流量,

祁门红茶的泡制

提高肾小球过滤率，扩张肾微血管，并抑制肾小管对水的再吸收，于是促成尿量增加。如此有利于排除体内的乳酸、尿酸（与痛风有关）、过多的盐分（与高血压有关）、有害物等，以及缓和心脏病或肾炎造成的水肿。

2. 提神消疲

经由医学实验发现，红茶中的咖啡碱借由刺激大脑皮质来兴奋神经中枢，促成提神、思考力集中，进而使思维反应更加敏锐，记忆力增强；它也对血管系统和心脏具兴奋作用，强化心搏，从而加快血液循环以利新陈代谢，同时又促进发汗和利尿，由此双管齐下加速排泄乳酸（使肌肉感觉疲劳的物质）及其他体内老废物质，达到消除疲劳的效果。

3. 消炎杀菌

红茶中的多酚类化合物具有消炎的效果，再经由实验发现，儿茶素类能与单细胞的细菌结合，使蛋白质凝固沉淀，借此抑制和消灭病原菌。所以细菌性喇疾及食物中毒患者喝红茶颇有益，民间也常用浓茶涂伤口、褥疮和香港脚。

4. 生津清热

夏天饮红茶能止渴消暑，是因为茶中的多酚类、糖类、氨基酸、果胶等与口涎产生化学反应，且刺激唾液分泌，使口腔觉得滋润，并且产生清凉感；同时咖啡碱控制下视丘的体温中枢，调节体温；它也刺激肾脏以促进热量和污物的排泄，维持体内的生理平衡。

5. 消暑提神

此外，红茶还是极佳的运动饮料，除了可消暑解渴及补充水分外，若在进行需要体力及持久力的运动（如马拉松赛跑）前喝，因为茶中的咖啡碱具有提神作用，又能在运动进行中促成身体先燃烧脂肪，供应热能而保留肝醋，所以让人更具持久力。

6. 解毒

据实验证明，红茶中的茶多碱能吸附重金属和生物碱，并沉淀分解，这对饮水和食品受到工业污染的现代人而言，不啻是一项福音。

7. 养胃

红茶是经过发酵烘制而成的，茶多酚在氧化酶的作用下发生酶促氧化反应，含量减少，对胃部的刺激性就随之减小。另外，这些茶多酚的氧化产物还能够促进人体消化，因此红茶不仅不会伤胃，反而能够养胃。经常饮用加糖的红茶、加牛奶的红茶，能消炎，保护胃黏膜，对治疗溃疡也有一定效果。

8. 促进血液循环

除了以上功效之外，祁门红茶还具有抗癌促进血液循环的作用，茶叶中的儿茶素不仅可以杀菌，对溶解脂肪、降低血液中的胆固醇也同样有效。

一般老年人比较喜欢喝红茶，祁门红茶的保健功效也显而易见，可以帮助缓慢改善身体条件。另外喝茶也应该适度，不同品种茶叶换着喝更有利于身体健康。

祁红茶园环境

冬季喝祁红茶好处多

　　祁门近日寒风袭来，气温骤降，大家已经能感受到冬季寒意，需要及时增添衣物，注意防寒保暖。此时，若能喝上一杯热腾腾的红茶，不仅能温暖身体，还带来很多益处。

　　祁红茶作为中国传统名茶之一，具有独特的口感、"祁门香"和丰富的生物活性成分，不仅是一种美味饮品，还有利于身体健康。

祁门红茶

小产区小山头
红醉手工制

我只为夕阳下那杯祁红

1. 祁红的基本特点

祁红茶是世界上三大高香茶之一的茶类，其特点包括：

（1）生叶经过全发酵：祁红茶是一种完全发酵的茶类，经过茶叶采摘后的揉捻、发酵和烘焙等加工步骤。

（2）汤色呈红褐色：由于完全的发酵过程，红茶具有深红褐色的茶汤，浓郁的口感和独特的"祁门香"。

（3）含有少量咖啡因：祁红也含有适量的咖啡因，它有助于提神醒脑，但不会像咖啡那样刺激。

（4）含有茶多酚：祁红茶富含茶多酚，特别是黄酮类化合物，具有较强的抗氧化作用。

2. 祁红茶的温胃暖心作用

冬季，低温和寒风让人们感到寒冷，尤其是胃部和心脏区域。祁红茶具有温热的特性，喝一杯热祁红茶可以迅速温暖身体，从而有助于温胃暖心。

祁红茶中的茶多酚和咖啡因可以促进体内热量的产生，增加体温，减轻寒冷带来的不适感觉。

祁红茶还有助于扩张血管，增加血液流动，从而提高全身血液循环，包括手脚的温度。研究还表明，适量饮用祁红茶可能有助于降低心血管疾病的风险，这对在寒冷季节保护心脏健康至关重要。

3. 祁红茶的解渴作用

尽管祁红茶有温热的特性，但它也是一种出色的补水解渴饮品。在寒冷的季节里，人们往往不容易察觉到自己的水分需求，但保持足够的水分对身体健康至关重要。

祁红茶不仅是一种美味的饮品，还是一种水分来源。适量饮用祁红茶有助于维持身体水分平衡。

在冬季，天气干燥，人们可能不容易意识到自己身体的水分流失，因此可以提醒人们多喝水，防止脱水。

好的祁红茶香味浓郁，可以满足口渴感，更让人愿意多喝水。

清澈透明，边缘有金黄圈
滋味鲜醇甘厚，香气清香

就是好喝

4. 祁红茶有助血液循环

祁红茶同时还有助于增强体内血液循环，这在寒冷的季节里尤为重要。一个强健的循环系统可以确保足够的氧气和营养物质输送到全身各个部位，保持身体的温暖和活力。

祁红茶中的茶多酚有助于扩张血管，促进血液流动，改善循环。通过改善血液循环，可以输送更多氧气和营养物质，为身体提供能量。

5. 祁红茶的提神醒脑作用

冬季寒冷易让人们感到疲倦和沮丧，祁红茶中的少量咖啡因和茶多酚有助于提神醒脑，提高警觉度。现代医学研究认为红茶中的茶多酚还具有抗抑郁作用，有助于改善心情，缓解冬季忧郁情绪。

6. 祁红茶还有护肝养肾作用

祁红茶还有助于护肝养肾，维持这两个重要器官的健康功能。在寒冷的季节里，特别需要加强对肝肾的呵护。研究发现，红茶中的茶多酚有助于降低肝脏受损的风险，保护肝脏健康。

适量饮用红茶也有助于维护肾脏功能，减轻肾脏负担。红茶的抗氧化特性可以帮助减少自由基的损害，有益于多个器官的健康。

7. 如何在寒冷冬季节饮用祁红茶

选择高质量的祁红茶。优质的红茶通常有更多的茶多酚和更浓郁的口

感以及独特的"祁门香"。

适量饮用祁红茶也很关键。通常每天1—3杯足以享受其益处，而不会引起咖啡因过量。

加入少量的柠檬或蜂蜜。如果你喜欢口感更清新的祁红茶，可以考虑在茶中加入几片柠檬片或一勺蜂蜜，这既可以提供额外的抗氧化剂，又能别有一番风味。

特别注意不要过度沏泡，避免将祁红茶沏泡得太浓，以免苦涩。适中的浸泡时间通常在3—5分钟之间。

8. 祁红茶也有潜在的风险

虽然祁红茶具有许多益处，但也有潜在的风险因素，需要谨慎考虑。有的人对咖啡因敏感，过量摄入咖啡因可能导致不适感，如心悸、失眠等。这些人要谨慎饮用！

总之，寒冬来临，祁红茶是冬季理想的饮品，不仅味美，还有助于保持身体的温暖和健康。

夏季到来话喝茶

立夏已到，炎热的气候就将来临，为使你更好的喝茶，特提出如下建议。

1. 防晒防辐射喝绿茶

祁门采茶女雕像

夏天防晒是爱美女士们一项巨大的"工程"，除了涂抹防晒霜之外，还可以通过喝绿茶来防晒。

绿茶中所含的儿茶素具有很强的抗氧化功能，能减少紫外线给皮肤带来的晒伤、损害。同时，绿茶还具有防辐射的功效。但老年人及肠胃不好的人不宜喝很浓的绿茶；另外，切记也别空腹喝绿茶，这样对胃有伤害。

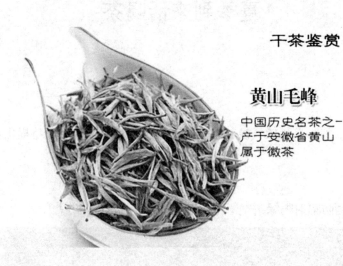

干茶鉴赏

黄山毛峰
中国历史名茶之一
产于安徽省黄山
属于徽茶

2. 提神养胃喝红茶

祁门红茶，中国历史名著名红茶精品，简称祁红产于黄山市祁门县祁门红茶是红茶中的极品享有盛誉是英国女王和王室的至爱饮品美称：群芳最，香名远播，红茶皇后

【祁门红茶】

祁门红茶广告

一到夏天，人体活动量会增大，就容易产生疲劳。红茶中富含的咖啡碱可以刺激神经中枢，能加快我们的血液循环，促进新陈代谢，从而可以

提神醒脑、消除疲劳。喝点红茶不失为一种上好的选择。

　　夏天，我们也总是喜欢吃一些冰冻食物或者冷饮来给自己"降降温"。殊不知这样很容易伤到脆弱脾胃。而红茶属于热性，具有暖胃护胃的功效。所以，夏天也很适合喝红茶。但夏天喝红茶不适合冷饮，这样会影响它暖胃护胃的功效，所以一定要热饮或者温饮。

第 26 届世界优质食品评选会金质奖奖章

3. 消食去腻喝普洱茶

　　炎热的天气使得人的肠胃很娇气，要么就是胃口不好，要么就是吃了容易消化不良。普洱茶中的咖啡碱和黄烷醇类化合物可以增加消化道的蠕动，有助于食物的消化，能达到消食解腻的功效。

　　喝普洱茶的最佳时间是饭前一杯熟普洱，养胃；饭后可以一杯生普洱，去脂。但孕妇不宜喝普洱茶，不管是熟普还是生普；同时，溃疡病患

普洱茶广告

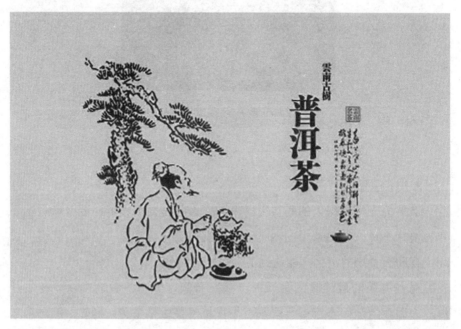

普洱茶广告

者也不宜喝普洱浓茶；另外，胃不好的人应该喝熟普洱。

4. 预防中暑喝白茶

进入夏季，时令之气为"暑"，中医认为暑邪为阳邪。其致病特点为伤津耗气，且易夹湿伤人；暑性升散，侵犯人体可致腠理开泄而多汗，机体体温调节障碍，水、电解质代谢紊乱及神经系统功能损害，造成"中暑"。高温天气就容易中暑，特别是对经常外出工作、外出游玩的人来说，这时最佳选择就是白茶了。

白茶是一种只经过杀青、干燥等程序轻微发酵的茶，性清凉，而且茶叶中含有丰富的氨基酸，具有去热消暑的功效，可以预防中暑。但因白茶性微寒，所以胃寒的人应该少饮且不能空腹饮；老人更不宜多饮。

清明又话明前茶

　　明前茶是清明节前采制的茶叶，受虫害侵扰少，芽叶细嫩，色翠香幽，味醇形美，是茶中佳品。同时，由于清明前气温普遍较低，发芽数量有限，生长速度较慢，能达到采摘标准的产量很少，所以又有"明前茶，贵如金"之说。

黄山毛峰

　　在江南茶产区，经过漫长的冬季，茶树体内的养分得到充分积累，加

采茶工在采茶

上初春气温低，茶树生长速度缓慢，此时的芽质比较好。

明前茶氨基酸的含量相对后期的茶更高，而具有苦涩味的茶多酚相对较低，这时的茶叶口感香而味醇。再者明前茶较少受到农药污染，特别是早起的春茶，更是一年中绿茶佳品，因此诸多明前采制的高档茶叶特别受到茶友的青睐。

有好茶叶还需正确的冲泡方法，如何冲泡明前茶呢？

一是刚炒制好的明前茶最好不要马上喝，新茶要先放上一到两个星期，味道会更好。经过适当的存放，不仅可以去掉"火"味，而且还可以降低干茶的水分。例如新炒制的龙井茶要放在放有生石灰的缸中干燥、去火，经过一个星期左右，泡出的明前茶才能达到"色绿""汤清""香高""味醇"的品质要求。

二是冲泡明前茶水不要用沸水。由于明前茶都比较细嫩，一般以80摄氏度左右为宜。茶叶愈嫩、愈绿，冲泡水温要低，这样泡出的茶汤才能嫩绿明亮、滋味鲜爽，茶叶中营养成分也不至于被破坏。

三是最好选用玻璃杯冲泡。明前茶不仅要求汤绿、味鲜、香气馥郁，而且还要求形美。

明前茶还有一定养生防病治病作用。明代大医家李时珍在清明时节养生中最推崇的是品茶，尤其是"明前茶"，它具有养肝清头目、化痰除烦

渴的功效。

俗话说"春眠不觉晓",饮用"明前茶"则有提神醒脑之功。如李时珍所说的"茶苦而寒,使人神思闿爽,不昏不睡",此茶之功也。

立冬之后话祁红

立冬之后，天气逐渐寒冷了。在寒冷的冬季，往往使人觉得因寒冷而不适，且有些人由于体内阳气虚弱而特别怕冷；这时也是流感多发的季节，预防流感大家不妨喝点祁门红茶。红茶性甘温和，含有较丰富的蛋白质和糖，能够增强人体的抗寒能力，还可以去除油腻。冬天直接用祁门红茶漱口或者泡茶来喝，可以有效预防流感。

祁润牌祁门红茶

祁门红茶富含维生素、矿物质、蛋白质、氨基酸等，能改善肠道微生

祁映红牌祁门红茶

物环境，具有改善肠胃消化的功能。冬季人们户外活动减少，容易积食，祁门红茶具有很好的消食作用。祁门民间有用祁门红茶治疗腹胀、痢疾、积食不化的传统。

红饮国醉牌祁门红茶

祁门红茶茶艺表演现场

同时，陈年祁门红茶在降血脂降血压方面也有明显的功效，丰富的茶多糖是祁门红茶发挥保健作用的关键。还可以提高免疫功能，抗血凝。因而立冬之后多喝点祁红茶对身体十分有处好。

立冬以后，人们常嘴唇干燥脱皮，也是冬季最为明显的身体反应之一，而陈年祁门红茶具有润肤、润喉、生津，清除体内积热的作用。所以，立冬之后多喝点陈年祁门红茶，可以缓解由于维生素缺乏而出现肌肤干裂症状。

冬季日常生活中还可以调配一些红茶热饮来食用，具有一些独特的效果。这里介绍几款适合立冬时节的配方——祁门红茶饮料，可供大家选择饮用。

黄芪红枣祁门红茶

1. 黄芪红枣红茶

祁门红茶 15 克、黄芪 20 克、红枣 5 枚，加入沸水冲泡即可饮用。此茶可消除疲劳、提神、止汗，对于经常出现疲倦、盗汗等气虚体质者有一定的辅助治疗作用。

2.大枣生姜红茶

大枣生姜红茶

祁门红茶15克、红枣（干）8枚、生姜3—5片，用200毫升水焖泡5分钟即可饮用。此茶具有益气生津止呕、补脾和胃的作用。

3.核桃蜂蜜红茶

祁门红茶10克、核桃仁8克，土蜂蜜适量（糖尿病病人不加）。前两味共捣成细末，用沸水冲泡后加入适量土蜂蜜即可饮用。该方具有补肾纳气、止咳平喘、止遗兴阳之功效。

核桃蜂蜜红茶

（胡永久　汪红辉　陈裕华　整理）

冬天下雪　再话祁红

祁红汤色

　　冬天周末休息，外面下着大雪，出外活动的机会就少了，要是邀上三五个好友，泡上一杯热腾腾的工夫祁红，无疑是一种心旷神怡的感觉。

　　祁门工夫红茶因其外形条索紧细匀整，锋苗秀丽，色泽乌润（世人俗称为"宝光"）；内质清芳并带有蜜糖香味，上品茶更蕴含着兰花香（又号称"祁门香"），馥郁持久；汤色红艳明亮，滋味甘鲜醇厚，叶底（泡过的茶渣）红亮。清饮最能品味祁红的隽永香气，即使添加鲜奶亦不失其香醇。正如外交部部长王毅盛赞的："祁门红茶，号称为'镶着金边的女

汤色红艳明亮，茶杯边缘形成金黄的圈，叶底明亮，这是好茶在倾泻红韵精华，滋味醇厚，香气馥郁

祁红品质介绍

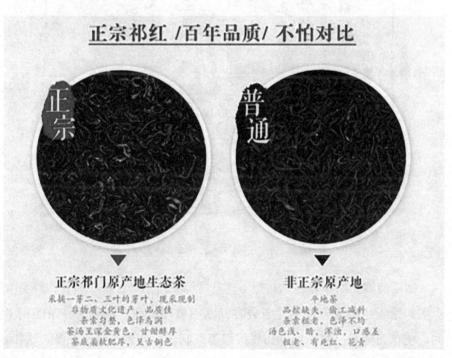

正宗祁红 /百年品质/ 不怕对比

正宗　　　　　　普通

正宗祁门原产地生态茶

采摘一芽二、三叶的芽叶，现采现制
非物质文化遗产，品质佳
条索匀整，色泽乌润
茶汤呈深金黄色，甘甜醇厚
茶底叶张肥厚，呈古铜色

非正宗原产地

平地茶
品控缺失，偷工减料
条索粗老，色泽不均
汤色浅、暗、浑浊，口感差
粗老、有死红、花青

正宗祁门红茶与非正宗的红茶对比

王'，我虽然第一次品尝，但是仍然余香在口。"

祁红工夫红茶以其外形苗秀，色有"宝光"和香气浓郁著称，在国内外享有盛誉，是英国女王和王室的至爱饮品。然而这样一款香名远播的茶，从开创至今竟不过百余年时光。美国《韦氏大辞典》"祁门红茶"记录着祁门红茶的原产地——中国安徽省祁门县，祁门产茶创制于光绪元年（1875），至今仅有百余年的生产历史，但祁门产茶最早可追溯到唐朝。唐咸通三年（862），歙州司马张途在《祁门县新修阊门溪记》记载：祁门一带"千里之内，业于茶者七八矣……祁之茗，色黄而香"。

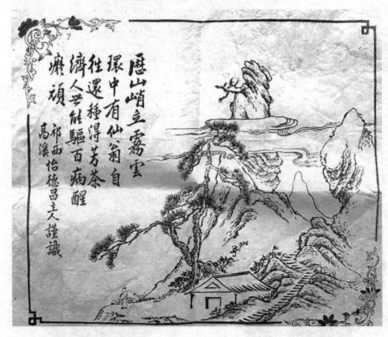

祁西高溪怡德昌茶票

然而清朝光绪年之前，祁门当地只产绿茶，不产红茶。相传，黟县有个名叫余干臣的人，在福建省罢官回原籍徽州经商，因见闽红茶畅销多利，便在当地设立红茶庄，仿"闽红茶"制法，开始了试制红茶。次年，余干臣在祁门县的历口、闪里设立分茶庄，扩大红茶生产。与此同时，祁

祁红阶梯茶园

门人胡云龙也在祁门南乡贵溪进行了"绿改红",设立"日顺茶厂"批量生产红茶获成功,并取号"胡日顺"。从此"祁红"不断扩大生产,形成了中国的重要红茶产区。胡云龙也因此成了"祁红"鼻祖,这就是祁门红茶的历史。

祁红与点心搭配

祁门当地自然条件优越,生态优美,气候适宜祁门红茶树的生长,所产祁红的品质超群出众,因此祁红的产地不断扩大,产量不断提高,声誉也越来越高。祁红在国际红茶市场上引起了大量茶商的极大兴趣,日本人将祁

· 167 ·

红称为玫瑰，英国人最早称之为"祁红"。

在英国，人们有进行下午茶点的习俗，在进下午茶点时品味高雅，茶要点点润饮；点心要细细品尝；着装要典雅入时，人们将饮茶视为一种高贵身份的象征，而当时的祁门红茶正是下午茶中的极品。高档祁红外形条索紧细苗秀，色泽乌润，冲泡后茶汤红浓，香气清新芬芳馥郁持久，有明显的甜香，有时带有玫瑰花香。祁红的这种特有的香味，被国外人称之为"祁门香"。

祁门红茶蜚声四海，百年来跌宕起伏，但一直星光闪耀，堪称传奇……祁门红茶作为世界三大高香红茶之一，中国十大名茶中唯一的红茶，也是中国茶叶最具国际声望的代表，以其优雅迷人而芬芳馥郁的似花、似蜜、似果的祁门香享誉世界。

祁门红茶作为我国工夫红茶的象征之一，有着浓厚的历史文化底蕴。虽创制仅百余年，但或许还应了那句俗话，"是金子总会发光的"。让今日茶席旁共品祁红芬芳的我们，一同感谢先人们的另辟蹊径，让我们有一种色香味的享受！

（永久　祁心　整理）

第五篇

祁红茶饮

祁门红茶的调饮方法

祁门红茶饮用方法：

A. 清饮法

1. 清洗茶具，烧一壶好水；

2. 投茶入杯，每杯放入 3—5 克的红茶，或 1—2 包袋泡茶；

3. 冲入沸水，水八分满；

4. 经 5—10 秒后，即可闻香观色；

5. 稍待，可饮。

提示：祁门红茶一般一包冲泡 3—4 次即可，每次冲泡时间不超过 10 秒，否则茶太浓偏涩。祁门红茶颜色为深红宝石色，带微微黄色，最好的祁门红茶冲泡以后会出现黄色的边，称为金边，为祁门红茶的顶级。

B. 调饮法

1. 加方糖红茶。

祁门红茶标准杯子（适合放 1—2 块方糖），可以有效增加红茶的圆润感，建议根据个人口味适当添加。

2. 蜂蜜红茶。

按照清饮法泡好红茶，加入适量蜂蜜，注意此时红茶的温度要偏低，不能用沸水冲蜂蜜，会破坏蜂蜜的口味。

3. 加奶红茶。

材料：祁门工夫红茶，炼乳。

做法：泡好红茶后加入炼乳就好了，可依据个人口味添加炼乳。

4. 生姜红茶（冬天减肥的好帮手）。

从中医的角度我们已经知道，红茶和生姜有暖身作用。饮用生姜红茶有利于增强身体代谢机能，提高脂肪的燃烧率，促使以前因为饮食过量而囤积的废物排出体外，可以产生持续减肥的效果。

材料：祁门红茶一包，去皮生姜五片，蜂蜜适量。

做法：把红茶包和生姜一起放入杯中，用九十摄氏度以上水冲泡，等稍温后放入蜂蜜饮用。

注意：生姜要切成薄薄的片，量请自行调试，直到最好的口感。

红醉三道茶

祁门县红醉茶业有限公司是专业祁红的生产型加工企业,企业精选国家级自然风景保护区牯牛降和享誉世界的祁红原产地生叶作为祁红生产原料,确保茶叶基质上乘,是一家集生产加工、基地管理、销售研发,高中低档,全方位多元化的专业祁红生产民营企业。公司主要产品为全手工的祁红香螺、红醉金针、天香野红、手工黄山毛峰及太平猴魁等。

作为一个企业,其发展若没有一个长远的目标和宗旨,何以能延续?作为一个商品,其经营若没有好的创意,何以有生气?每次冲泡香茗,总觉得是在与茶做一次交融。茶是有生命的精灵,她在沸水中翩翩起舞,清香就是她的旋律,温润就是她的柔情,韵味就是她的软语。作家三毛曾说过,人生有如三道茶,第一道苦如生命,第二道甜似爱情,第三道淡如微风!在当今喧嚣、浮躁、快节奏的社会里,能静下心来喝一杯茶,用苦涩冲淡骄傲,用甘甜包容过失,用清淡洗却烦忧,便是在人们心头烙下一道岁月的流华,让你记住生活里的又一道色彩。

中国茶文化源远流长,流芳百世,千年不衰。如何将自己的产品与深厚的传统茶文化精髓相结合,一直以来是红醉探索与追求的目标,并在生产和经营的过程中,逐渐形成了以"三道茶"为核心的红醉文化。茶作为生命的载体,她和人一样,在一个不同时间展现出生命不同的意义,红醉"三道茶"秉承徽商商训原则,做让老百姓喝得起的红茶,并不断提供各种高性价比的祁门红茶品种,以回馈社会,感恩社会!让人们喜欢自己选择的红醉茶品就如选择自己的事业一样,一起享受生活,品味人生,面对成败；一起感受人生的沉浮，体会未知美好事物的过程。

红醉"三道茶"包括：茶道、商道和孝道。祁门红醉祁红系列自创建伊始就以此"三道茶"文化来积蓄内力，提高品质，拓展市场，从深山里一步步走向大江南北，销往全国各地。并将在今后的发展过程中不断创新，研发更多质地优良的新产品来满足社会各个阶层的需求。

茶道——茶海无涯

世界三大饮品为可口可乐、咖啡、茶。美国的可乐文化太过浅薄，咖啡又过于浓烈，很难想象国人朋友相聚的日子摆在桌子当中的是一瓶可口可乐。唯有历史悠久中国茶清香怡人，内容博大精深，不但包含物质文化层面，还包含深厚的精神文明层次。

一千多年前，茶道起源于中国，唐代《封氏闻见记》记载："茶行大道，王公朝士无不饮者。"这是现存文献中对茶道的最早记载。

茶道是一种以茶为媒的生活礼仪，也是中国人用来修身养性的一种方式。不同地位、不同信仰、不同文化层次的人对茶道有各自不同的追求，但以心品茶，感悟"和、静、怡、真"则一直是茶人的最高境界。我们从绿茶、花茶、普洱、乌龙一路喝来，唯祁门红茶夹带着皇族贵息，其特殊的祁门香征服了世界红茶界。不论在任何书籍，在任何地方，说到红茶，祁门红茶均稳居字里行间之首位。早在一百年前，祁红就突出疆域、走出国门，漂洋过海在巴拿马万国博览会荣获金质奖章，得到了欧洲及全世界的首肯。世人之所以把喝茶称为品茶，不仅体现在茶海无涯，更在于茶道文化。故而，红醉系列祁红把"静"作为达到心斋座忘，涤除玄鉴、澄怀味道的必由之路，饮之则净心、明理、修身，以大众化的价位彰显饮者身份。让一枚枚透着人性、灵性的生命之芽，在沸水中化为洗涤心灵尘埃的圣汤。祁门红茶深厚的文化内涵，昭示着红醉不只是作为饮品，更要作为21世纪最具文化品位的礼品，实现我们"送礼送文化，红醉帮您表达"的意愿。

商道——商者无疆

可以这么说，一部徽商史所对应的就是一部祁门红茶的兴衰史。商者无疆域，自古徽商行天下，徽骆驼用笃实坚定的步伐踏出如下商训："斯商，不以见利为利，以诚为利；斯业，不以富贵为贵，以和为贵；斯买，不以压价为价，以衡为价；斯卖，不以赚赢为赢，以信为赢；斯货，不以奇货为货，以需为货；斯财，不以敛财为财，以均为财；斯诺，不以应答为答，以真为答；斯贷，不以牟取为贷，以义为贷；斯典，不以值念为念，以正为念。"

作为徽商后裔的汪氏家族传人，开拓祁红产业，再续祁红辉煌，是职责所在，也是时代的昭示，必须具备徽商进取、奉献和勤俭等精神。故徽商商训自然就成了红醉茶业生产、经营的行为准则，以此再现新一代徽商在新的历史时期的新风采。不只是用新工艺与传统工艺相结合，还需对祁红提出更新的工艺水平和更高的品质定位，将徽商的奋斗精神和祁门红醉红茶的高洁品质紧紧地糅合成一体，在市场上合法合理创造财富，在经营中以诚以信赢取利益，并把它作为红醉自身发展和当代祁红有志之士追求的终极目标。提倡当今的主流社会和企业，在开拓和巩固自己事业的同时，努力回馈社会，更广泛地拓宽自己事业的疆土。

商者无疆必然激励有志之士发扬徽商精神，为寻求最美的风景去攀登一座座艰难险峰。同样，红醉茶业正不断探索，坚持定位高端商务客户，采取个人订制特种祁红，企业订制礼品茶、招待茶，高端会所、茶楼以及网络商城配制专用祁红等营销办法，并兼顾开发各类中、低端市场。目前，继去年开展的"红醉西藏之行"活动外，正在网络上举办"2016明前红香螺大型品鉴预定"活动。我们拿出全年最好的茶叶向全国红茶爱好者推广祁门红茶，让大家爱上祁红，喜欢祁红，使祁红名扬天下；不仅要让祁红走进"王谢"高宅，还要走进寻常百姓家，去拓展域内外空间。把辉煌数百年的徽商精神和成功融入红醉系列红茶，让您品茗之时，顿生"送礼送成功，红醉帮您表达"的心愿。

孝道——孝赢天下

三千多年以前，在中国的甲骨文中就出现的"孝"字，说明当时的华夏先民就已经有了"孝"的观念，提出了"三行"："学孝行，以亲父母；学友行，以尊贤良；学顺行，以事师长"，形成了孝道文化的伦理思想和道德核心。孝，千百年来成为中国社会维系家庭关系的道德准则，是中华民族的传统美德。

茶之功用，古有贡茶以事君，君有赐茶以敬臣；居家则子媳奉茶以事父母；夫唱妇随，时为伉俪饮；兄以茶友弟，弟以茶恭兄；朋友往来，以茶联欢。茶在形而下为茶，茶在形而上则为道，其内含有深厚的人文精神——茶之本在人，人之本在孝，故茶道之中始终贯穿着中华民族的孝道精神。因此，当代茶业界泰斗庄晚芳先生提出了将"廉、美、和、敬"作为当今茶道的基本精神。茶道以"和"为最高境界，中国民间茶礼突出反映了国人这种笃高谊、重和睦的优秀品德，亦充分表达了茶人对孝文化"老吾老以及人之老，幼吾幼以及人之幼"的和谐价值追求。茶中有孝道，一品而知人间情。百善孝为先，传统的孝道文化数千年来一直影响着整个华夏民族。国人自古把"孝"视为人立身之本、家和睦之本、国安康之本，同时也是人类延续之本。从传统孝道的"忠、孝、廉、节"到茶道的"廉、美、和、敬"，我们不难发现，茶道源于孝道，茶道体现孝道。

看着日渐老去的父母，看着他们日渐衰弱的身体，你可曾感到伤心与无奈？安度晚年，是天下父母共同的心愿。一包茶，简单，却厚重。清脂降压，还能调心养神，实乃行孝不二之选。夕阳中，老父亲于院树下啜饮，怡然自得；明堂里，老母亲于案桌旁细斟，眉展眼舒，这便是最大的儿孙福。历史上任何一个成功之士必定是大孝之人，对父母、对师长、对国家没有孝心的人，也注定不会得到社会的认可和相应的成功，唯有孝德之人才能赢得天下人敬慕。茶自古以来就以修身养性为主，有了好的品性才能做出好的事业，也只有好品位之人才成能做出更好的茶。红醉茶文化

的核心之一就是做好孝文化，把红醉系列红茶做成国人奉承孝道的具体体现。让您思亲探亲之时，想起"送礼送孝心，红醉帮您表达"的贴心话语。

（汪红辉）

"她家茶"

祁门是中国红茶之乡，祁门红茶世界有名。祁门除了红茶、绿茶、安茶，还有在口感、品牌上创新的粽茶、桔红茶。来祁门，多到街头茶叶店逛逛看看。祁门人热情，来的都是客，熟悉的、陌生的，主人一声"您请坐，喝杯茶"。您甭客气，坐下来，喝个三杯两盏，感觉这茶得味，再来个三杯五杯，即使不买，主人也不会冷脸相待。继续喝，喝他个飘飘然、陶陶然。您会一声感叹：祁门茶是真的好喝。每有朋友来祁门，我便带他们到街头一家一家喝茶。

某日，一拨外地朋友来祁（事先没联系），在茶叶店呼我去喝茶。我问在哪。他们说在祁云酒店大堂"她家茶"茶室里。我说："她家有好茶，慢慢喝，我一会儿就到。"

"她家茶"是祁门数百家茶企里的一个新宠，主人吴志红女士是土生土长的祁门人，一个典型的徽州女子，人长得端庄精致，事做得通情达理。近年专心事茶。出道虽晚，但其用心用情用创新的理念做茶，三五年百花丛中占得一席，也属不易。余曾为其写过一方小文——《她家茶》。

"她家茶"为其公司名，吴志红说，那些深奥的、有文化的自己取不了，就叫"她家茶"吧。"她家茶"好，天然去雕饰，素朴自然。虚心在百花园里也有她的一份芬芳，自信在精心制作的绿茶"箭毫春高级绿茶——鸦坑绿"、红茶"她家桔红"也颇得客人赞誉，深受客人喜欢。市场反馈销售很不错！

"她家茶"在以祁红为主打产品的基础上深度开发了"箭毫春高级绿

茶——鸦坑绿"和红茶"她家桔红"两个品牌。

箭毫春高级绿茶——鸦坑绿

"箭毫春高级绿茶——鸦坑绿"以扁形绿茶制作工艺提升绿茶内在品质，通过摊青、杀青、做型、干燥、提香，完成茶叶第二次生命嬗变。成品如箭，形似飞羽，茶毫如银，色似春山。冲泡一杯，支支香箭，如沐温泉，如兰盛开。鸦坑绿的香气中兰香裹着豆香，是甜香，是淡香，若有若无，缥缈辽阔，香气挥散后，舌尖上依然回甘无穷。

她家桔红

"她家桔红"以优质祁门红茶和祁门新安镇小红桔为原料，手工取出桔肉，再将红茶装入桔皮内。待红茶将桔皮的味道和维生素吸收至最饱和的时候，再进行烘焙、提香，红茶和桔子皮的香味相互交融再度升华，直至水分全部干透，一枚形似红灯笼的桔红茶就诞生了。冲泡一杯桔红，茶中有桔，桔中有茶，汤色红艳。茶香、桔香交融在一起，闻之提神醒脑，饮之健胃理气，茶香和桔香的深度交融，桔香因茶香而柔和，茶香因桔香而鲜爽。特别是秋冬季节饮之，润肺消痰止咳，疗效甚佳。

她家有好茶，饮者多赞许，制者却不易。吴志红为追寻一杯好茶的天时地利人和，从茶园地理、生态保养、制作工艺三方面煞费苦心。

"她家茶"的茶园千挑万选，最后选在古代徽州通往安庆的要道——大洪岭脚下古道旁的祁门县安凌镇五里拐村鸦坑坞。两山一坞峰高峭陡、云雾缭绕的特殊地理环境，这里植被种类繁多，竹林杂木，野花盛开，常年云雾缭绕，溪水长流，坡山阴阳有时，落叶腐殖肥沃。这得天独厚的生态地理滋养了山坞茶的高品质。她家桔红的原料选自祁门新安镇高山小红桔。当地特有的自然条件和气候孕育了小红桔独特的"酸香"味。吴志红看中了"得天地之灵气，汲日月之精华""天时"中的"独特"品质，也是为"人和"做准备的。

大自然的原生态馈赠加上一代代茶农的科学生态管理，使得这里茶树优质，芽壮叶肥，着生茂密，质软而嫩，延续了好茶园的"地利"之势。

天时有了，地利有了，历经百年传承的祁红，如何继续传承、借鉴和创新？吴志红一方面拜祁红非遗大师虚心学习传统技艺，一方面结合地方特色寻求创新。难能可贵和可喜的是，目前她推出的"箭毫春高级绿茶——鸦坑绿"和"她家桔红"一绿一红两款茶就因品味纯正而广受客户青睐。

  但吴志红并不满足于此。作为祁门县青年商会党支部书记、县政协委员的她，也在积极思考乡村振兴路上自己的一份责任和担当。乡村振兴，必须要有地方产业振兴；地方产业振兴，才能留得住人。吴志红有了这个新想法，说干就干，成立祁门县田园牧歌家庭农场。以"她家茶"茶产业为核心支柱，以地域特色资源带动村民开展家庭农场土特产种植和养殖，进行助农帮扶式营销。

  如今，"她家茶"不仅卖好茶，还有黑土猪深加工、土鸡鸭、土蜂蜜、野生葛根粉、豆腐乳、茶油、芝麻油、香菇、木耳等农副产品深受客户喜欢。我想，一个主要原因可能是，它们来自山野，来自纯朴的农民之手。满满的乡土气息，正宗的味道，还与乡愁同在，与乡情同行，温暖而美好。

（凌亮）

祁门道地的美味养生果茶（一）

黄山毛峰

梨冬茶

原料：鲜梨子1个（去皮）、麦冬5克、凫峰绿茶3克。

用法：用水煎煮梨子块、梨皮、麦冬后泡茶饮用。可加适量冰糖。

功用：生津润燥，清热化痰。热病伤津；秋天肺燥咳嗽。

黄山毛峰

梨子生地茶

原料：鲜梨子1个（去皮）、生地5克、凫峰绿茶3克。

用法：用水煎煮梨子块、梨皮、生地后泡茶。可加适量冰糖。

功用：养阴生津，清热。外感热病口烦渴、咳嗽。

梨杞茶

原料：鲜梨子1个（去皮）、枸杞5克、凫峰绿茶3克。

用法：用水煮梨子块、梨皮后，泡枸杞、绿茶饮用。可加适量冰糖。

功用：润肺补肾。肺肾阴虚咳喘。

苹果茶

原料：鲜苹果1个、酸枣仁5克、凫峰绿茶3克、白糖15克。

用法：将苹果切成小块，与酸枣仁同煮，用其煮液泡茶饮用。

功用：补心益气，生津止渴。心脾气虚者；解渴。

苹果陈皮茶

原料：鲜苹果1个、陈皮3克、凫峰绿茶3克、冰糖15克。

用法：用苹果、陈皮的煎煮液泡茶饮用。

功用：解暑开胃，醒酒。用于食差及醉酒者。

采茶

橘杏茶

原料：鲜橘 2 个、杏仁 3 克、凫峰绿茶 3 克。

用法：将橘去皮后，与杏仁同煮，用其煮液泡茶饮用。可加冰糖。

功用：润肺止渴。咳嗽气喘多痰者。

橘姜茶

原料：鲜橘 2 个、生姜 3 克、安凌花茶 3 克。

用法：将橘去皮后，用水煎煮橘、生姜至水沸后泡茶饮用。

功用：开胃健脾，生津。脾胃弱兼口渴、欲呕。

柑陈茶

原料：鲜柑 1 个、陈皮 5 克、凫峰绿茶 3 克。

用法：柑去皮后，与陈皮共煎至水沸后，泡茶饮用。可加冰糖。

功用：醒酒利尿，生津止渴。

柚楂茶

原料：鲜柚 3 瓣、山楂 3 克、陈皮 3 克、凫峰绿茶 3 克。

用法：去除柚瓣皮后，与山楂、陈皮共煎至水沸后，泡茶饮用。可加冰糖。

功用：开胃，生津，醒酒。

葡萄参茶

原料：鲜葡萄 30 克、人参 3 克、安凌花茶 3 克、白糖 10 克。

用法：用 400 毫升水煎煮葡萄、人参后泡茶。

功用：补气血，益精神。体弱神差者宜饮。

葡萄茯苓茶

原料：鲜葡萄 30 克、茯苓 3 克、羌活 3 克、凫峰绿茶 3 克。

用法：用葡萄、茯苓、羌活的煎煮液泡茶。

功用：除风湿、运脾利水。

西瓜荷斛茶

原料：鲜西瓜肉 100 克、荷叶 3 克、石斛 3 克、凫峰绿茶 3 克、冰糖 15 克。

用法：用水煎煮西瓜肉、荷叶、石斛至水沸后，泡茶饮用。

功用：清热解暑，除烦止渴，利小便。暑天炎热之季宜饮；热病伤津者可多饮。

甘蔗生地茶

原料：鲜甘蔗（去皮）200 克、生地 3 克、凫峰绿茶 3 克。

用法：将甘蔗切成小块，用水煎煮甘蔗、生地至水沸后，泡茶饮用。可加冰糖。

功用：清热养阴，或热病伤阴者可饮。

李子夏枯茶

原料：鲜李子 5 个、夏枯草 3 克、车前草 3 克、凫峰绿茶 3 克。

用法：用李子、夏枯草、车前草的煎煮液泡茶饮用。

功用：清肝泄热，生津利水。肝经有热、肝炎患者宜饮。

无花果茶

原料：无花果 10 克、川贝母 3 克、安凌花茶 3 克。

用法：用无花果、川贝母的煎煮液泡茶饮用。

功用：清肺止咳，消肿解毒。

西番莲茶

原料：西番莲 10 克、凫峰绿茶 3 克。

用法：用西番莲的煎煮液泡茶饮用。可加冰糖。

功用：疏风清热，止咳化痰。

杏子茶

原料：鲜杏子 3 枚、凫峰绿茶 3 克。

用法：用杏子的煎煮液泡茶饮用，可加冰糖。

功用：润肺定喘，生津止渴。

杏甘茶

原料：鲜杏子 3 枚、桔梗 3 克、凫峰绿茶 3 克。

用法：用前二味药的煎煮液泡茶饮用。可加蜂蜜。

功用：润肺定喘，生津止渴，咳嗽痰多者宜用。

枇杷茶

原料：鲜枇杷 3 枚、紫苏 3 克、凫峰绿茶 3 克。

用法：用前二味药的煎煮液泡茶饮用。可加冰糖。

功用：清肺止咳，止渴，下气。

枇杷川贝茶

原料：鲜枇杷 3 枚、川贝 3 克、凫峰绿茶 3 克、蜂蜜 10 克。

用法：用枇杷、川贝的煎煮液泡茶饮用。

功用：润肺、祛痰、止咳。

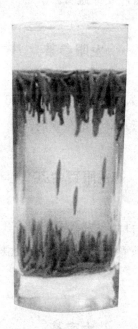

黄山毛峰茶汤色

祁门道地的美味养生果茶（二）

龙眼肉茶

原料：龙眼肉 10 克、祁门红茶 3 克。

用法：用龙眼肉的煎煮液泡茶饮用。可加糖。

功用：益心脾，补气血，安神益智。

龙眼参茶

原料：龙眼肉 10 克、人参 3 克、祁门红茶 3 克、白糖 10 克。

用法：用前二味药的煎煮液，泡茶饮用。

龙眼百合茶

原料：龙眼肉 10 克、百合 5 克、安凌花茶 3 克。

用法：用前二味药的煎煮液泡茶饮用。可加糖。

功用：补心安神。

大枣茶

原料：大枣 5 枚、祁门红茶 3 克、红糖 5 克。

用法：用大枣的煎煮液泡茶饮用。

功用：温补脾胃，生津。脾胃虚弱者宜饮。

大枣甘茶

原料：大枣 5 枚、甘草 3 克、凫峰绿茶 3 克、冰糖 10 克。

用法：用大枣、甘草的煎煮液泡茶饮用。

功用：益胃生津，解毒。气阴不足，营卫不和，心悸怔忡、口干渴及妇女脏躁者宜饮。

乌梅甘茶

原料：乌梅 3 枚、甘草 3 克、凫峰绿茶 3 克、冰糖 10 克。

用法：用开水冲泡乌梅、甘草、绿茶饮用。

功用：生津止渴，敛肺止咳，涩肠安蛔。用于鼻咽癌、直肠癌。

人参果茶

原料：鲜人参果 30 克、凫峰绿茶 3 克。

用法：用人参果的煎煮液泡茶饮用。

功能：强心补肾，生津止渴，补脾健胃，调经活血。

桃子茶

原料：鲜桃子 1 个、凫峰绿茶 3 克。

用法：去除桃皮，用水煎煮后泡茶饮用。可加适量冰糖。

功用：生津润肠，活血消积。

历口祁门红茶广告

菠萝玉竹茶

原料：鲜菠萝（去皮）50克、玉竹5克、凫峰绿茶3克。

用法：用菠萝、玉竹的煎煮液泡茶饮用。

功用：补脾益气，生津止渴，醒酒。

椰子茶

原料：鲜椰汁250毫升、凫峰绿茶3克。

用法：将椰汁煮沸后泡茶饮用。

功用：益气生津，清热，养颜。

椰汁枸杞茶

原料：鲜椰汁300毫升、枸杞5克、凫峰绿茶3克。

用法：将椰汁煮沸后，泡枸杞、绿茶饮用。

功用：清热止渴，滋肾养肝，美容益智。

椰汁菊花茶

原料：鲜椰汁 300 毫升、菊花 3 克、凫峰绿茶 3 克。

用法：将椰汁煮沸后，泡菊花、绿茶饮用。

功用：清热明目，生津止渴，美颜润肤。

荔枝茶

原料：鲜荔枝（去皮）5 个、凫峰绿茶 3 克、冰糖 10 克。

用法：用荔枝的煎煮液泡茶饮用。

功用：益血生津，理气止痛。

荔枝芍茶

原料：鲜荔枝（去皮）5 个、白芍 5 克、凫峰绿茶 3 克。

用法：用荔枝、白芍的煎煮液泡茶饮用。可加适量冰糖。

功用：养阴血，清热，解渴。

祁红手拣工序

祁红手筛工序

猕猴桃茶

原料：鲜猕猴桃（去皮）2个、鸟峰绿茶3克。

用法：用250毫升水煎煮后泡茶饮用。

功用：解热止渴，通淋。

猕猴桃木通茶

原料：鲜猕猴桃（去皮）2个、木通3克、鸟峰绿茶3克、冰糖10克。

用法：用猕猴桃、木通的煎煮液泡茶饮用。

功用：清热生津，利尿。

草莓茶

原料：鲜草莓5个、凫峰绿茶3克。

用法：用草莓的煎煮液泡茶饮用。

功用：润肺生津，清热凉血。

草莓葛根茶

原料：鲜草莓5个、葛根3克、凫峰绿茶3克、冰糖10克。

用法：用草莓、葛根的煎煮液泡茶饮用。

功用：清热生津，解酒。

阳桃茶

原料：鲜阳桃1个、桑叶3克、凫峰绿茶3克。

用法：用阳桃、桑叶的煎煮液泡茶饮用，可加适量冰糖。

功用：生津止渴，疏风清热。

祁门道地的美味养生果茶（三）

芒果茶

原料：鲜芒果（去皮）1个、凫峰绿茶3克。

用法：用芒果的煎煮液泡茶饮用。

功用：益胃止呕，解渴利尿。

芒果芦根茶

原料：鲜芒果（去皮）1个、芦根3克、凫峰绿茶3克。

用法：用芒果、芦根的煎煮液泡茶饮用。可加适量冰糖。

功用：清热养阴，利尿。

芒果姜茶

原料：鲜芒果（去皮）1个、生姜3克、祁门红茶3克。

用法：用芒果、生姜的煎煮液泡茶饮用。可加适量白糖。

功用：养阴，和胃，止呕。

樱桃茶

原料：鲜樱桃 30 克、凫峰绿茶 3 克。

用法：用樱桃的煎煮液泡茶饮用。

功用：益气，祛风湿。

樱桃木瓜茶

原料：鲜樱桃 30 克、木瓜 5 克、凫峰绿茶 3 克、冰糖 10 克。

用法：用樱桃、木瓜的煎煮液泡茶饮用。

功用：生津，强筋，祛风湿。

桑葚茶

原料：鲜桑葚 30 克、凫峰绿茶 3 克、冰糖 10 克。

用法：用桑葚的煎煮液泡茶饮用。

功用：补肝肾，熄风。

桑葚枸杞茶

原料：鲜桑葚 30 克、枸杞 5 克、凫峰绿茶 3 克、冰糖 3 克。

用法：用桑葚的煎煮液泡枸杞、绿茶、冰糖饮用。

功用：滋阴补肾，止咳生津。

桑葚白芍茶

原料：鲜桑葚 30 克、白芍 3 克、凫峰绿茶 3 克。

用法：用桑葚、白芍的煎煮液泡茶饮用。

功用：养阴柔肝，生津润燥。

桑葚菊花茶

原料：鲜桑葚 30 克、菊花 3 克、凫峰绿茶 3 克、冰糖 10 克。

用法：用桑葚的煎煮液泡菊花、绿茶饮用。

功用：清肝明目，滋肾益阴。

波罗蜜茶

原料：鲜波罗蜜 20 克、安凌花茶 3 克。

用法：用波罗蜜的煎煮液泡茶饮用。

功用：补中益气，清热止渴。

香蕉柏仁茶

原料：鲜香蕉（去皮）两根、柏子仁 5 克、祁门红茶 3 克。

为什么要喝春茶？

由于春季气温适中，雨量充沛，加上茶树经头年秋冬季较长时期的休养生息，体内营养成分丰富，所以，春季不但芽叶肥壮，色泽绿翠，叶质柔软，白毫显露，而且与提高茶叶品质相关的一些有效成分，特别是氨基酸和多种维生素的含量也较丰富，使得春茶的滋味更为鲜爽，香气更加强烈，保健作用更为明显。加之，春茶期间无病虫危害，无须使用农药，茶叶无污染，因此春茶，特别是早期的春茶，往往是一年中绿茶品质最佳的。

春茶介绍

用法：用香蕉、柏子仁的煎煮液泡茶饮用。可加适量蜂蜜。

功用：润肠通便，清热解渴。

柠檬茶

原料：鲜柠檬（去皮）半个、凫峰绿茶 3 克、冰糖 20 克。

用法：用柠檬的煎煮液泡茶饮用。

功用：生津止渴，祛暑。

柠檬益母茶

原料：鲜柠檬（去皮）半个、益母草 5 克、祁门红茶 3 克、红糖 10 克。

用法：用柠檬、益母草的煎煮液泡茶饮用。

功用：养阴生津，调经安胎。

荸荠茶

原料：鲜荸荠 50 克、凫峰绿茶 3 克、冰糖 10 克。

用法：用荸荠的煎煮液泡茶饮用。

功用：清热化痰，消积。

柿子茶

原料：鲜柿子 30 克、凫峰绿茶 3 克、白糖 10 克。

用法：用柿子的煎煮液泡茶饮用。

功用：清热止渴，润肺祛痰，降压止血。

甜瓜茶

原料：鲜甜瓜 50 克、凫峰绿茶 3 克、冰糖 15 克。

用法：用甜瓜的煎煮液泡茶饮用。

功用：清暑热，解烦渴，利小便。

（胡永久　王昶）

凫峰小景

跋

我到祁门创业之初，便听说了胡永久先生大名。他世居祁门，是新安医学研究专家，还是安徽省非物质文化遗产祁门胡氏骨伤科第四代传承人。令我万万没想到的是，胡先生不仅悬壶济世，在医学领域"攻城拔寨"，硕果累累，还潜心研究家乡的"祁红"（祁门红茶的简称），跨界发掘祁红丰富的历史文化，并利用专业特长，打通医、茶行业界限，融会贯通，在茶饮保健方面颇有建树，令茶界人士侧目。

捧读胡先生的《再话"镶着金边的女王"——祁红茶文化拾遗》，简直爱不释手。作为研究祁红历史文化的一部专著，它记录了祁红的辉煌时刻，这个"镶着金边的女王"在国际舞台上频频亮相，长期作为国礼馈赠给苏联和东欧社会主义国家政要。它叙述了祁红发展史上的关键人物与经典典故，如晚清中兴四大名臣之首的曾国藩率兵驻扎祁门，对祁门茶叶留下深刻印象；另一位中兴名臣李鸿章追随恩师步伐，年轻时落脚祁门，后来他兴办洋务，对祁红十分欣赏，称其为"祁门香"。20 世纪 70 年代末，邓小平同志视察黄山，曾赞叹说："你们祁红世界有名。"

溯古谈今，早在祁门建县之前，这片土地上就盛产茶叶。自唐以来，茶叶一直与祁门人民的生活息息相关，也是他们的重要收入来源。1875年，祁门人胡元龙在培桂山房试制红茶成功，被后人尊为"祁红鼻祖"。同一时期，黟县人余干臣回籍设立茶庄，试制红茶，并在祁门西路的历口、闪里开设红茶分庄，成为祁门红茶的另一个创制者。两人难分伯仲，是祁红发展史上的"绝代双雄"。

在祁红创始人的带动下，一担担色、香、味、形俱佳的祁红，从古老的徽州辗转到汉口，又从汉口顺江而下到上海，一路狂奔到海外，在国际市场上声誉鹊起。日本人喜欢它，称之为"玫瑰"；英国人喜欢它，称之为"祁门"。1915年，祁红在首届巴拿马太平洋国际博展览会上大放异彩，荣膺甲等大奖章和金质奖章，铸就了祁红的历史丰碑。

一百多年来，祁红凭借馥郁持久的香型与甘鲜的滋味，风靡全球，雄居世界三大高香红茶之首。祁红能够站在世界红茶之巅，离不开祁红的重要推手李训典。民国初期，这位徽属茶商代表积极参与各种博览会事宜，多次选送祁红参展，因而被作者称为"携祁红走向世界舞台的第一人"。书中重点记述徐楚生、詹罗九、黄建琴等茶叶专家，上海洪源永茶栈、北京森泰茶庄、龙溪同亿昌茶庄、汪裕泰茶行等茶号，为祁红走进千家万户打下了坚实的基础。而祁门茶校因时应运而诞生，着力培养茶叶人才，对祁红的发展壮大同样功不可没。

值得一提的是，胡先生还发扬医学攻关的精神，孜孜不倦研究茶叶与健康的关系。如茶与中药，祁红的药用价值及保健功能，都予以一一研究，并与读者分享其成果。书中还就祁红的调饮方法进行探讨，详细介绍了美味养生果茶的调制饮用，可以说是一部非常实用的茶饮茶文化之著作。近年来，祁门县优化营商环境，大力发展红茶产业，进一步打造祁红品牌，抢滩国内国际市场，刮起了一股"茶红天下"之旋风。研究祁红独特的历史文化，复兴祁门红茶，提高茶农收入，助力乡村振兴，已成为海内外众多关心祁红发展有识之士的夙愿。胡先生的这部新著深度挖掘祁红历史文化，踏着新时代的节拍破空而出，如久旱逢甘霖，满足了人们的期望与要求。

六年前，我应祁门县委、县政府邀请，从齐鲁大地回归安徽，到这里组建安徽祁门茶红天下茶业有限公司，自此与祁门结缘，亦与胡永久先生有缘。虽然平日接触不多，但对祁红的热爱是共情共通的。每次见胡先生，听他坐而论道，洋洋洒洒，博古通今，让我惊异不已。都说"隔行如隔山"，但对胡先生而言完全失效。或许他生于斯长于斯，耳闻目濡，对祁红的理解远远深于或高于许多从业者。我从事茶产业三十多年，还没有见过圈外人士对红茶如此熟悉者研究者痴迷者。伯牙鼓琴，子期听之。胡先生之高论，于我心有戚戚焉。

值本书出版之际，胡先生送我手稿，嘱我作跋，我欣欣然提笔，并借机向喜爱祁门红茶的广大读者推荐，这是一部值得仔细阅读和收藏的好书。

梅国文

2023 年 9 月 15 日